Inhalt

Vorwort der Herausgeber

Professionalität ist wie der Charakter einer Musik:
Er bleibt auch wenn die Melodie und die Instrumente wechseln.
Bernd Schmid, Sprüche aus dem ISB-Wiesloch

Es gibt heute unübersehbar viele interessante Konzepte. Letztlich ist entscheidend, was in der Praxis, was im professionellen Leben, in der Organisation und in der Gesellschaft ankommt.

Das Institut für Systemische Beratung in Wiesloch (ISB) wollte nie eine geschlossene Weltanschauung oder modische Selbststilisierungen bieten, sondern solides professionelles, persönliches Lernen. Deshalb kann man Absolventen der Wieslocher Weiterbildung daran erkennen, dass sie schlicht ihre Arbeit besonders machen, dass sie sich mit ihren Perspektiven und Kompetenzen einfügen in das Konzert aller Verantwortlichen, die gemeinsam Organisationen und die Gesellschaft voranbringen wollen. Man erkennt sie daran, dass sie arm an Scheuklappen für sich selbst sind und mit anderen gemeinsam immer wieder Abstand nehmen, reflektieren und neu ansetzen sowie bezogen auf, aber auch konfrontativ zum Verantwortungsdialog auffordern. Schließlich erkennt man Absolventen des ISB hoffentlich auch daran, dass sie in unverwechselbarer Weise zu sich gefunden haben, zumindest aber mit anderen Menschen im Dialog darüber bleiben, welche beruflichen Lebenswege Sinn ergeben, welche Art von Organisationskultur und Wirtschaften menschenwürdig ist. Aber natürlich sind es im Konkreten die erhellenden Fragen, die markanten Konzepte, die belebenden Settings, die Verbindlichkeit und Achtsamkeit weckenden Vorgehensweisen, die solche Kulturen erzeugen.

Als Ausstattung dafür gibt es am ISB viele aus der Praxis erwachsene Konzepte und Vorgehensweisen. Diese werden gelehrt und sind vielfältig dokumentiert in Büchern, im ISB-Kompakt-Video[1], in Powerpoint-Schaubildern. Jede Menge Schriften und Audios findet man auf der

---

1   Beziehbar über den Onlineshop »Auditorium-Netzwerk«.

ISB-Website (www.systemische-professionalitaet.de). Entscheidend ist aber die Professions- und Lernkultur, die beim Lernen und in unserer professionellen Gemeinschaft gelebt wird, sind die Perspektiven auf Organisationskultur und Gesellschaft, die unser Handeln leiten, sind die Werte und Haltungen, die allem zugrunde liegen.

Dieser Band ist den Berichten aus der Praxis gewidmet. Die Autorinnen und Autoren schildern konkrete Projekte und Arbeitsprozesse, in denen sie mit den professionellen Haltungen, mit Konzepten und Vorgehensweisen des ISB im Hintergrund unterwegs waren. Sie berichten von ihren Plänen, von ihren Erfahrungen mit der jeweiligen Sache und von Wirkungen auf die einbezogenen Menschen. Die Leserinnen und Leser können ihnen dabei über die Schulter blicken. Durch Mitverfolgen und Miterleben wird spürbar, welche Perspektiven, welche professionellen Standards, welche Werte in der Umsetzung Berücksichtigung gefunden haben. Zentrale Inhaltskonzepte, wie etwa das Drei-Welten-Modell der Persönlichkeit, die Theatermetapher zur Beschreibung von Inszenierungen in Organisationen oder das Dreieck für professionelle Steuerung, scheinen dabei als Hintergrund auf. Viele andere Elemente des Wieslocher Modells werden nicht ausdrücklich benannt. Sie sind zur Selbstverständlichkeit geworden und prägen das Tun und die Reflexion darüber mehr als dass sie benannt werden. Dennoch ist zu erwarten, dass ihr »Sound« positive Resonanzen weckt.

Die einzelnen Beiträge sind so vielfältig wie die Tätigkeitsfelder ihrer Autoren. Im ersten Beitrag geben die Mitarbeiter und Miarbeiterinnen des Instituts für Systemische Beratung eine Einführung in die dort kultivierte Didaktik. In allen darauf folgenden Beiträgen finden sich Bezüge oder Elemente in der Anwendung in unterschiedlichen Organisationen und Settings wieder. Die ersten drei Beiträge beschreiben dabei konkrete Seminarprogramme für Führungs- und Fachkräfte, die sich an diese Lernkultur und Didaktik anlehnen. Im Folgenden werden die Kreise um das Institut weiter. Die Inszenierung von Lernen spielt in jedem beschriebenen Fallbeispiel eine große Rolle. Es finden sich Perspektiven auf unterschiedliche Branchen und Firmengrößen – vom Start-up über die Arbeit in Kleinunternehmen bis hin zu komplexen Zusammenhängen in internationalen Konzernstrukturen.

So vielfältig wie die beschriebenen Bühnen und Stücke sind auch die Autorinnen und Autoren. Das Buch selbst entstand als Resonanz auf die Musik, die in Wiesloch ihren Anfang nimmt und dann in die Welt getragen wird. »Allem Anfang wohnt ein Zauber inne« und so trafen sich die meisten Autoren zu Beginn des Buchprojekts zu einem Autorentag in Süddeutschland. Andere kamen später hinzu und fügten sich in das virtuelle Team mit ein. Alle, die sich diese Haltung und systemische Denk- und Arbeitsweise zu eigen gemacht haben, hielten bis zum Abschluss des Projekts durch und auch die Termine ein. Mit kollegialer Beratung und gegenseitiger Unterstützung haben alle Beteiligten viel gelernt. Ohne das Engagement und die Lust, etwas gemeinsam zu gestalten, wäre ein solches Buch nicht denkbar. Dafür sei allen Mitwirkenden hier herzlich gedankt.

Markus Schwemmle und Bernd Schmid

Peter Mann

Strategieklausuren effizient inszenieren mit Hilfe systemischer Konzepte

Situation

Mindestens einmal im Jahr trifft sich das Führungskernteam eines Unternehmens, um über strategische Fragen zu reflektieren. Häufig bleiben dabei die Diskussionen nur an der Oberfläche oder verlieren sich in Details. Fundierte und tragfähige Grundsatz- und Richtungsentscheidungen im Kreis der Führungskräfte sind jedoch von substantieller Bedeutung, wenn es um Verantwortungsübernahme und Nachhaltigkeit in der weiteren Umsetzung gehen soll.

Zielsetzung und persönliche Motivation für den Beitrag

Dieser Beitrag zeigt auf, wie eine derartige Strategieklausur »inszeniert« werden kann und welchen qualitativen Unterschied es für die Beteiligten macht, wenn diese Veranstaltung als zentrales Highlight bzw. Kristallisationspunkt eines mehrmonatigen Strategieprozesses verstanden wird. Das vorgestellte Beispiel ist einem echten Beratungsprojekt entnommen. Um wesentliche Aspekte und Grundprinzipien in der Herangehensweise und Gestaltung zu verdeutlichen und von den Erfahrungen auch in anderen Kontexten profitieren zu können, wurden die gewonnenen Erkenntnisse generalisiert und vereinfacht. Damit wird auch der Diskretion entsprochen. Meine persönliche Motivation ist es, Methoden und Konzepte vorzustellen, die es erlauben, Strategieklausuren so zu gestalten, dass ein Führungskernteam tatsächlich gemeinsam über strategierelevante unternehmerische Fragestellungen diskutieren und zu tragfähigen Antworten kommen kann. In diesem Beitrag geht es darum,

- aufzuzeigen bzw. Eindrücke darüber zu vermitteln, wie dies gelingen kann;

- was unternehmerische Fragen auszeichnet, was Strategierelevanz bedeutet;
- was Verständnis und Transparenz in der Diskussion begünstigt und wovon das abhängig ist;
- welchen hohen Stellenwert und Nutzen dabei systemische Konzepte und Herangehensweisen aufweisen können;
- wie derartige Konzepte in der Praxis angewendet werden können;
- was hilfreich ist, welcher konkrete Nutzen entsteht;
- wodurch Verantwortungsübernahme bei den Führungskräften erreicht wird;
- welche Rolle ein externer Berater spielen kann;
- was die Rolle des Externen ist;
- was das für das Rollenselbstverständnis bedeutet.

»Mir ist es wichtig, mit meinen Führungskräften mal in Ruhe die für unsere strategische Entwicklung relevanten Aspekte diskutieren zu können. Außerdem wünsche ich mir eine gute Vorbereitung, damit wir die Themen in ihrem Gesamtzusammenhang verstehen.«
Auftrag des Vorsitzenden der Geschäftsführung

Kontext und Auftragshintergrund

Zu gestalten ist eine mehrtägige Strategieklausur für ein Führungskernteam (erste und zweite Ebene) mit ca. 20 Teilnehmern, davon vier Teilnehmer auf Top-Ebene. Die Strategieklausur ist Teil des jährlichen Strategieprozesses des Unternehmens. Es handelt sich um ein IT-Tochterunternehmen eines Finanzdienstleistungskonzerns in Deutschland. Der Strategieprozess dort ist eingebettet in den strategischen Dialog des Gesamtkonzerns. Zur Vorbereitung der Strategieklausur stehen ca. drei bis vier Monate zur Verfügung, jedoch sind – wie so häufig – alle Beteiligten stark in ihren täglichen Aufgaben gebunden.

Die Erwartungshaltungen sind typisch für deutsche IT-Konzerntochterunternehmen. Es gibt klare Vorgaben und Rahmenbedingungen des Konzerns, z. B. hinsichtlich übergeordneter Prioritäten und Programme, geforderter Leistungsbeiträge und Servicelevels – das Budget ist knapp bemessen, die Zeit drängt, das Veränderungstempo ist hoch, die Aufgaben sind komplex und anspruchsvoll. Große IT-Unternehmen am Markt, die vermehrt global organisiert sind, stehen bereit, um weiteres Geschäft und ggf. auch Mitarbeiter zu übernehmen. All dies mündet in der Gestaltung des »richtigen Geschäftsmodells« auf der IT-Seite und der allgegenwärtigen Diskussion nach Alleinstellungsmerkmalen und »Daseinsberechtigungen«. Dazu gehört immer auch die Definition der Fertigungstiefe, differenziert nach Geschäftsfeldern und möglichst orientiert an marktgängigen Benchmarks.

In einer Strategieklausur treffen sich die Führungskräfte, die aus ihrer jeweiligen Rollenverantwortung und Perspektive heraus von diesem abstrakten Level auf einer konkreten Verständnisebene diskutieren wollen. Hier sollen strategische Gestaltungsoptionen vereinbart werden bezogen auf

- richtige Aufstellung der Geschäftsfelder, Organisation, Führungsstruktur und
- Unternehmensprioritäten, die idealerweise nach Balance-Scorecard-Dimensionen gestaffelt werden und strategische Initiativen für Kundenzufriedenheit, Sourcingthemen, Personalentwicklung etc. enthalten.

Vor dem Hintergrund von Konzernerwartungen und IT-Trends, dem starken Konkurrenzdruck, eigener Stärken/Schwächen und Positionierungsvorstellungen geht es also darum, die zentralen und erfolgskritischen Veränderungserfordernisse des IT-Tochterunternehmens herauszuarbeiten und zu priorisieren.

Verwendete systemische Konzepte

In diesem Beitrag wird im Schwerpunkt auf die Anwendung der Theatermetapher und auf Einzelaspekte des Perspektiven-Ereignis-Modells eingegangen.

Theatermetapher

In der Theatermetapher werden – vereinfacht ausgedrückt – die Analogiebegriffe und die verschiedenen Rollen des Theaters vor und hinter der Bühne bemüht. Es wird also von Scheinwerfern, Regie, Drehbuch, Tonspuren usw. gesprochen. Diese Analogien sind leicht verständlich und sofort anwendbar, da sie in der Regel bei den Beteiligten aus der eigenen Sozialisierung bekannt sind.

In dem dargestellten Beispiel geht um die Klärung der Fragen (Auswahl vgl. Schmid und Messmer, 2005, S. 162):

- Welches sind die drei bis fünf wichtigsten strategischen Fragestellungen bezogen auf die aktuelle Unternehmenssituation und warum?
- Was soll in welcher Weise auf der Strategieklausur »inszeniert« werden und warum?
- Wer soll zur Klärung dieser Fragen in welcher Rolle hinzugezogen werden? Wer benötigt welche Art von Unterstützung oder Ressourcen?
- Wie soll die Überschrift für das Stück lauten (Stück entspricht hier der Strategieklausur – Gesamtheit der »Aufführung«)?

Perspektiven-Ereignis-Modell

Perspektiven können mit Scheinwerfern verglichen werden, die bestimmte Ereignisse in einem bestimmten Licht erscheinen lassen. Perspektiven sind von den einzelnen Ereignissen unabhängige Beobachtungs-, Erkenntnis- oder Gestaltungsgesichtspunkte, unter denen Ereignisse reflektiert, konzipiert und inszeniert werden können. »Unter Ereignis verstehen wir alles, was konkret in Zeit und Raum geschieht, was mit den fünf Sinnen beobachtbar ist« (Schmid und Messmer, 2005, S. 176).

> »In der Strategieklausur möchten Sie also herausarbeiten, wie Sie Ihr Unternehmen strategisch positionieren wollen, wie Sie die Unternehmensgeschichte fortschreiben möchten und welche konkreten Themen dafür von wem in welcher Weise gestaltet werden sollten.«
> *Verständnisquittung des Externen*

In dem hier dargestellten Beispiel wirken die Perspektiven
- Konzernpassung/-beitrag,
- Unternehmensgeschichte/Zukunftsperspektive,
- priorisierte strategische Fragestellungen/Themen,
- Führungsverantwortungen/-beziehungen

auf das Ereignis Strategieklausur. Dieser Systemzusammenhang ist wichtig, da er für die Steuerung des Strategieprozesses und die konkrete Vorbereitung der Strategieklausur von immenser Bedeutung ist.

Das typisch Systemische daran ist, dass diese Perspektiven (Scheinwerfer) bei allen konkreten Themen, die für die Strategieklausur betrachtet werden, gleichzeitig aktiv sind. Die ausgewählten Themen werden konkret in ihrem Wirkungszusammenhang mit den anderen Perspektiven beleuchtet.

- Die Perspektive *Konzernpassung/-beitrag* stellt den generellen Gestaltungs- und Handlungsspielraum dar. Spätere strategische Positionierungen werden am nachgewiesenen Beitrag der IT-Tochter gemessen.

- Die Perspektive *Unternehmensgeschichte/Zukunftsperspektive* zeigt den Entwicklungsverlauf und deren Stimmigkeit auf. Hier ist der Anspruch, attraktive und umsetzbare Zukunftsperspektiven zu entwickeln, die die erfolgreiche Unternehmensgeschichte in geeigneter Weise fortschreiben.

  Stimmigkeit meint hier z. B.:

  - Inwieweit sind Zukunftsszenarien konsistent und kongruent zur bisherigen Unternehmenshistorie und den getroffenen Aussagen zur strategischen Weiterentwicklung des Unternehmens?

  - Wie korreliert dies mit den Führungsrollen, die in dem Stück gespielt werden – wer steht als Repräsentant für was?

  - den Inszenierungsstil (Stil, in dem das Stück inszeniert ist). Ist er Ausdruck der Unternehmenskultur und des Veränderungsklimas?

  - den jeweiligen Themenfokus (Überschrift für aktuelle Unternehmenssituation – um was geht es wirklich?);

  - die Bühne, auf der das Stück aufgeführt wird – das ist wichtig für das spätere Klausur- und Agendasetting.

- Die Perspektive *strategische Fragestellungen/Themen* erhöht die Chance, anhand der ausgewählten Fragestellungen (vgl. Punkt

Strategieprozess) strategisch weiterzukommen. Es geht darum, *die* Themen in den Blick zu nehmen, die Zugkraft und Bedeutung, also Dynamik, Energie und strategische Relevanz (Bezug zur Umsetzung der Zukunftsperspektiven) haben oder sich dazu entwickeln. Das hilft, wie später noch erläutert wird, bei der Dramaturgiearbeit, der Fixierung der inhaltlichen Detailtiefe und Regie sowie bei der Organisation des Strategieprozesses.

Zielsetzung ist es hier, für die Themen »Kraftfelder« aufzubauen, damit vor dem Hintergrund von knapper Zeit ausreichend Engagement für die Bearbeitung aufgebracht wird.

- Die Perspektive *Führungsverantwortungen/-beziehungen* ist wichtig, um Identifikation, Bereitschaft, Motivation und Akzeptanz bei allen Beteiligten herzustellen. Dabei kommt es auch darauf an, für Rollenklarheit zu sorgen und die verantwortlichen Führungskräfte bei ihrer Arbeit zu unterstützen. Eine Strategieklausur stellt in gewisser Weise auch eine Bühne dar, auf der

  - Standpunkte und Interessen ausgetauscht werden,
  - Profilierungen möglich sind,
  - das »Mannschaftsgefüge« deutlich wird und
  - Aufgaben für die Zukunft verteilt werden.

  Es ist dort für jeden Einzelnen wichtig, eine gute Figur abzugeben, seine Stellung zu stärken und Unterstützung zu erleben. Die Führungskräfte beobachten sehr genau, wer sich dort wie verhält, wer mit wem spricht, wer von wem Unterstützung erfährt oder Widerspruch erntet. Das gilt sowohl untereinander als auch zwischen den Führungsebenen.

»Durch die Ruhe und Klarheit im Prozess hatte ich Zeit, mir Gedanken zu machen, welche Themen wirklich wichtig sind und was sich in meinem Verantwortungsbereich verändern muss, um für das Unternehmen strategische Beiträge zu erzeugen.«
Statement einer Führungskraft (zweite Ebene)

Strategieprozess

Sprachwelten und Entschleunigung

Das im Beratungsfall betrachtete Unternehmen ist einer extrem hohen Veränderungsgeschwindigkeit ausgesetzt. Das ist u. a. daran erkennbar, mit welchen temporeichen Sprachmetaphern gearbeitet wird:

- Wer macht das Rennen? Wie schaffen wir es, vorn mit dabei zu sein?
- Sind wir noch auf dem richtigen Kurs? Wie ist die Großwetterlage? Müssen wir ein »Manöver« fahren? Haben wir da nicht eine Schräglage? Wo sind die Untiefen?
- Was müssen wir auf Tempo »trimmen«? Wo müssen wir »Gas« geben?
- Wie bekommen wir »Traktion« für die Umsetzung?
- Wer ist im »Driver-Seat«?

Die Strategieklausur und der dazugehörige vorbereitende Strategieprozess (vgl. Abb. 1) stellen daher eine bewusste Entschleunigung dar, um allen Beteiligten die Möglichkeit zu geben, gewissermaßen innezuhalten und in einem Moment der Ruhe und Gelassenheit, aber mit der nötigen Konzentration und Aufmerksamkeit, aus einer übergreifenden Perspektive auf die bisherige und weitere Unternehmensentwicklung zu blicken. Also eine Verlangsamung auf Metaebene ähnlich einem Formel-1-Team, das sich nach einer Rennsaison für ein paar Tage zurückzieht, um die nächste vorzubereiten, oder einer Segelcrew, das nach einer schwierigen Regattafolge, z. B. dem America's-Cup, zusammenkommt. Hier sitzt das ganze Team in einem Boot und kämpft gegen Wind und Wetter und die ambitionierten Konkurrenzcrews an.

Hauptbeteiligte dieses Prozesses sind die zwei Führungsebenen (= Führungskernteam) und das Orgateam, das für den Prozess und die Zusammenarbeit verantwortlich ist. Die Leitung des Orgateams hat in der Regel ein Mitglied aus der zweiten Führungsebene, z. B. der Protagonist für Strategieentwicklung.

Das komplette Führungskernteam kommt zum Kickoff, zu einer Vorbereitungssitzung (Zwischenstatus), ca. vier bis sechs Wochen vor der Strategieklausur und zur Strategieklausur selbst zusammen.

Abbildung 1: Ablaufschema Strategieprozess

Mit der Top-Ebene (= E1) gibt es einen kurzen Vorlauf zur Auftrags-klärung sowie der Entwicklung der Leitplanken und des Themenspiegels. Auf Basis der dabei identifizierten Top-Themen und der Klärung der Inszenierungsfragen wird ein erster Dramaturgieentwurf für die Strategieklausur entwickelt, der dann durch die weitere Arbeit mit dem gesamten Führungskernteam iterativ verfeinert wird. An diesem Dramaturgieentwurf orientieren sich alle weiteren Tätigkeiten und Begleitmaßnahmen.

Aufgaben des zentralen Orgateams
- Drehbuch schreiben
- Rollen auswählen
- Weiterentwicklung/Vervollständigung Top-Themen/Fragestellungen, Agendasetting
- Vereinbarung für Zusammenarbeit über die drei bis vier Monate (Kernteam mit Protagonisten, Führungskernteam mit Entscheider, Entscheider/Linienverantwortliche)
- Unterstützungsbedarf, Ressourcenklärung
- Reporting an Entscheider
- Herausarbeiten von Grundsatzentscheidungen und Entwicklungslinien, Unterstützung bei Priorisierung der Themenschwerpunkte
- Begleitung der Vorbereitungsaktivitäten (Inhalte, Medien, Bezüge)
- Organisation der Zusammenarbeit untereinander bei erkennbaren Zusammenhängen (Geschäftsfeldverantwortliche, Stabsbereiche, …)
- Vorbereitung der Entscheider auf Diskussionen
- Stärkung der Führungsverantwortlichen (Antworten geben zu können, Vorstellungen entwickelt zu haben)

»Um miteinander ins Gespräch zu kommen und die strategische Relevanz zu verstehen, war der Dialog rund um den Top-Themenspiegel sehr hilfreich. Ich hatte von Anfang an den Eindruck, dass wir an den richtigen Themen arbeiten.«

»Die durchaus skeptische Stimmung zu Beginn hat sich durch die gemeinsame Arbeit und den Austausch in der Vorbereitung schnell aufgelöst.«

Führungskräfte beider Ebenen

Wesentliche Begleitmaßnahmen

Strategische Fragestellungen/Top-Themen entwickeln (Top-Down-Iteration)
- Herausarbeitung von handhabbaren und fokussierbaren Themenbereichen

- Aufbau eines Themenspiegels und daran anknüpfende strategische oder umsetzungsrelevante Fragestellungen
- Sammlung und Priorisierung der Top-Themen und zentralen Fragestellungen
- Arbeiten mit fokussierten Themen, auch wenn unscharf und unvollständig
- Zusammenhänge herausarbeiten, um besseres Verständnis für die Wechselwirkungen zu erreichen
- Welches sind die drei bis fünf wichtigsten strategischen Fragestellungen bezogen auf die aktuelle Unternehmenssituation und warum?

Leitplanken definieren
- Denkfigur und Szenarien für Zukunftsentwicklungen und Rahmen entwerfen
- Was darf gedacht werden, gibt es Restriktionen oder Vorgaben?
- Flexibilität nach vorn, Offenheit, was ist möglich, Passung?
- Herausarbeiten der Perspektiven zur Konzernpassung-/beitrag und Unternehmensgeschichte/Zukunftsperspektive
- Auftragsklärung mit Top-Ebene (vier Personen)
- Inwieweit sind Zukunftsszenarien konsistent und kongruent zur bisherigen Unternehmenshistorie und den getroffenen Aussagen zur strategischen Weiterentwicklung des Unternehmens?

Dramaturgieentwicklung für Strategieklausur beginnen (ersten Entwurf für Strategieklausur erstellen)
- Dramaturgieentwicklung als Vorstellungsrahmen und Komplexitätsreduzierer für Strategieklausur und Vorbereitungsprozess (Rahmen, Agenda, Beteiligte, Auftragssteuerung, Zeitinvest, gedankliche Vorbereitung)
- Wer wird zur Klärung dieser Fragen in welcher Rolle benötigt?
- Wer benötigt welche Art von Unterstützung oder Ressourcen?
- Wie soll die Überschrift für das Stück lauten (Stück entspricht hier der Strategieklausur – Gesamtheit der »Aufführung«)? Auftragsklärung mit Top-Ebene (vier Personen)
- Was soll in welcher Weise auf der Strategieklausur »inszeniert« werden und warum?

Zusammenarbeit organisieren (top-down/bottom-up/top-down/bottom-up)

- Beteiligte Managementebenen (Entscheider, Protagonisten aus Führungskernteam – Linie plus Querschnitt – wichtig sind alle, Fachexperten bedarfsweise als Gast)
- Strategieklausur = Arena für Profilierung im Managementkreis, jeder möchte da gut aussehen!
- Aufbau Kernteam und Begleitung Vorbereitung mit Kickoff (mit allen Teilnehmern)
- Abstimmung Zielsetzung, erster Dramaturgieentwurf, Auftragssteuerung
- Wer wird zur Klärung dieser Fragen in welcher Rolle benötigt?
- Wer benötigt welche Art von Unterstützung oder Ressourcen?

Strategieklausur vorbereiten (Drehbuch schreiben, Rollen auswählen, vorbereiten, Kernteam, mit einzelnen Protagonisten, mit Entscheidern, zusammen ...)

- Weiterentwicklung/Vervollständigung Top-Themen/Fragestellungen, Agendasetting,
- Vereinbarung für Zusammenarbeit über die drei bis vier Monate (Kernteam mit Protagonisten, Kernteam mit Entscheider, Entscheider/Linienverantwortliche, Aufgabe Prozessverantwortliche, Unterstützungsbedarf, Ressourcenklärung, Reporting an Entscheider)
- Herausarbeiten von Grundsatzentscheidungen und Entwicklungslinien, Unterstützung bei Priorisierung der Themenschwerpunkte
- Begleitung der Vorbereitungsaktivitäten (Inhalte, Medien, Bezüge), Organisation der Zusammenarbeit untereinander bei erkennbaren Zusammenhängen (Geschäftsfeldverantwortliche, Stabsbereiche, ...)
- Vorbereitung der Entscheider auf Diskussionen, Stärkung in ihrer Verantwortung (Antworten geben können, Vorstellungen entwickelt haben)

»Die Strategieklausur war für mich ein echtes Highlight. Wir haben unsere Themen vom ersten Moment an sehr engagiert diskutiert und ich hatte den Eindruck, wir alle waren mit Freude und Verantwortung auf der Kommandobrücke und haben ein gutes gemeinsames Verständnis davon entwickelt, welche Prioritäten für uns welche Bedeutung haben.«

»Durch die gemeinsame Vorbereitung wussten wir, wo unsere Knackpunkte liegen und welche Diskussionen uns in unseren Entscheidungen weiterbringen können. Ich hätte nicht gedacht, dass wir bereits in der Klausur zu wichtigen Beschlüssen kommen.«

»Gut war es, dass wir die drei Tage zusammen verbracht haben, so waren wir alle konzentriert dabei und hatten auch abends beim Bier ausreichend Gelegenheit, die Diskussionen fortzusetzen.«
Teilnehmer der Strategieklausur

Strategieklausur

Aufgrund der gewählten Herangehensweise wurde die Strategieklausur auf die hier dargestellte Kundensituation maßgeschneidert. Sie hat also Einmaligkeitscharakter bezogen auf Inszenierungsstil, Unternehmenssituation, Diskussionsbedarf des Führungskernteams, Interventionsformen etc.

Die Hauptakteure waren die Mitglieder des Führungskernteams in ihrer unternehmerischen Verantwortung. Das Orgateam war unterstützend tätig im Sinne einer Regieassistenz oder füllte Moderationsrollen oder administrative Aufgaben aus, z. B. im Zusammenhang mit Visualisierungen, Dokumentation (Beschlüsse, Maßnahmen etc.).

Die Strategieklausur (Agendasetting) übte, wie bereits ausgeführt wurde, große Sogwirkung auf die Teilnehmer aus und war sehr stark inhaltlich ausgerichtet.

Um der Bedeutung der »Bühnenausstattung« und dem Stellenwert der Veranstaltung gerecht zu werden, wurde die Strategieklausur in einem geeigneten Ambiente (gehobenes Hotel mit Feldherrnhügel-Perspektive) durchgeführt. Es sollte eine Atmosphäre von Distanz, Weitblick, Lockerheit und Konzentration entstehen.

Tag 1	**Ebene: Unternehmen**	Ankommen/Einstimmen in die Veranstaltung, ins Thema bringen
		Großwetterlage
		Aufgabe, Erwartung und Verantwortung Klausur – Fokussierung – Begründung für Setting, Agenda, zentrale Fragen
		Übergreifender Entwicklungsprozess, Beitrag zum Strategieprozess, Fortschritte in Unternehmensentwicklung (im Vergleich zum Vorjahr), Lessons Learned
		»Manöverkritik« → Alle sind auf der Kommandobrücke
		Abstimmung Zeitplan für Tag 2/3 – erste Feedbackschleife
Tag 2	**Ebene: Kerngeschäftsmodell/Geschäftsfelder**	Trends im Kern des Geschäftsmodells, z. B. Technologien, Organisationsmodelle bei IT-Firma (auf Unternehmen bezogene Aussagen von Gartner u. Ä.) – Relevanz von Entwicklungen, Erfordernisse, Fortschritte, Einschätzung Stärken (in Relation zu Wettbewerbern), vorstellbare Entwicklungsszenarien – Ebenenwechsel auf Geschäftsfelder
		Herstellung von Zusammenhängen/Bezügen zur Unternehmensebene, Einschätzung von Stärken und Entwicklungserfordernissen, Fokussierung auf Prioritäten, Definition und Begründung von Veränderungszielen (Was soll in einem Jahr anders sein und warum?)
		Protagonisten sind hier Linienverantwortliche, frühzeitige Einbindung von Querschnittverantwortlichen (bei erfolgskritischen Abhängigkeiten), was ist aus Sicht der Geschäftsfelder strategisch umzusetzen, was unterstützt die beabsichtigte Unternehmensentwicklung, wie können gute Beispiele geschaffen werden, was wird dafür benötigt?
		Abstimmung des Zeitplans für Tag 3 – zweite Feedbackschleife

Abbildung 2: Ablauf der Strategieklausur über die drei Tage

Tag 3	Ebene: Unternehmen	Wiederholte Überprüfung, ob wieder alle auf der Kommandobrücke sind (jetzt Symbiose aus eigener Betroffenheit und Verantwortung zu Unternehmerperspektive)
		Verdichtung der Top-Prioritäten auf Unternehmensebene, ggf. Erarbeitung von Szenarien (Entwicklungsrichtungen generell und jeweils umsetzungsseitig), je nach Schwerpunktbildung und Umsetzungstempo, Konkretisierung von anzustrebenden Veränderungszielen/-zuständen
		Gemeinsame Bewertung nach Pros/Cons, Tendenzeinschätzungen, Grundsatz-/Richtungsentscheidungen je nach Reifegrad. Zusammenfassungen: Welche Antworten sind auf die ausgewählten Fragen gefunden worden, welche Beschlüsse sind getroffen worden, welche Tragweite haben diese Beschlüsse, was ist noch offen/auszuarbeiten? – Hausaufgaben (Verifikationen, Drehbuchthemen, Ausarbeitung der Umsetzungspläne, Konkretisierung der Unternehmensstrategie/Weiterentwicklung des Geschäftsmodells mit jeweiligen Teilstrategien: Kundenentwicklungsstrategie, Personalstrategie, Organisationsstrategie, Finanzierungsstrategie, Identifizierung von Abhängigketien etc.
		Vereinbarung der Verantwortlichkeiten für die weitere Umsetzung, Definition weiterer Machbarkeits-Checks, Konsistenzprüfungen (Strategie, Aussagen; Umsetzungsdramaturgie), Kommunikation aus dem Meeting, ggf. Anpassung der Kommunikationsstrategie, Steuerungssysteme, Zeitpläne, Einbindung-/Beteiligungsvorgehen der Führungskräfte, Stake-/Shareholder etc., Vertraulichkeitsabsprachen, Meilensteine, weiteres Vorgehen
		Abschlussrunde, Blitzlicht und Zusammenfassung: Was ist erreicht worden: Was kann für zukünftige Veranstaltungen und auch für den Prozess gelernt werden? (dritte Feedbackschleife)

Die Teilnehmer reisten bereits am Vorabend an und hatten von Anfang an ausreichend Möglichkeiten für den Austausch untereinander.
Der Dresscode war business casual.

Auf Outdoor-Aktivitäten wurde verzichtet, nachdem das Führungsteam schon gut miteinander vertraut war. Am zweiten Abend gab es
einen kleinen gesellschaftlichen Event. Anschließend wurde noch
intensiv und lange im informellen Rahmen diskutiert. Das war sehr
wichtig für die Diskussion und die Beschlüsse und Maßnahmen am
dritten Tag.

Das komplette Führungskernteam wurde während der drei Tage
vom Tagesgeschäft abgeschirmt. Es gab lediglich Vorkehrungen für
Notfälle oder dringende Rücksprachen. Hierfür wurden in der Veranstaltung spezielle Zeiten eingeplant. An den Diskussionen waren
jedoch alle Teilnehmer beteiligt. Zu den einzelnen Agendapunkten und
Themenstellungen waren jeweils die Vertreter der Führungskernteams
vorbereitet und in der Regie eingebunden. Die jeweilige hauptverant-
wortliche Führungskraft hat die relevanten Inhalte vorgestellt.

Abbildung 3 zeigt die oben beschriebenen Zusammenhänge nochmals
auf. An dem Bild soll deutlich werden, welchen Beitrag das Orgateam
für den Prozess leistet.

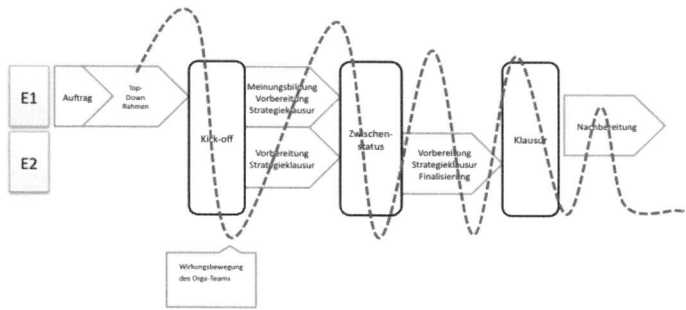

Abbildung 3: Wirkungsbewegung des Orgateams

Rolle des Externen

Systemisches Leitprinzip ist, für eine möglichst hohe Tragfähigkeit zu sorgen. Hauptakteure sind und bleiben die verantwortlichen Führungskräfte, also die internen Führungsmitglieder. Der Leiter des Orgateams ist in der Regel auch intern und hat die zentrale Prozessverantwortung. Der Externe ist Mitglied im Orgateam. Er sorgt dafür, dass eine Inszenierung zustande kommt, und hält die Gesamtinszenierung über die Zeit und in der Klausur wach und aktiv – er übt eine übergreifende Konsistenzrolle aus, quasi als strategisches Gewissen. Im Rahmen dieser Aufgabe ist es wichtig, die Hauptperspektiven

- Konzernpassung-/beitrag,
- Unternehmensgeschichte/Zukunftsperspektive,
- priorisierte strategische Fragestellungen/Themen,
- Führungsverantwortungen/-beziehungen

auf jeder Ebene und bei jedem einzelnen Agendapunkt der Strategieklausur entsprechend zu berücksichtigen und den geforderten Perspektivenbezug und -wechsel aus der Gesamtdramaturgie der Strategieklausur möglichst so bei den Protagonisten zu verankern, dass die jeweiligen Beiträge die gewünschte Wirkung erzielen können. Im Strategieprozess ist der Externe dann eher Begleiter, Erklärer, Unterstützer und Übersetzer.

Der Externe wird auch häufig gebeten, in der Strategieklausur die Moderationsfunktion wahrzunehmen, um Einzelperspektiven der Protagonisten in die Gesamtdramaturgie zu integrieren und in der Veranstaltung auch flexibel auf Veränderungen eingehen zu können.

Wichtige Eigenschaften des Externen sollten sein:

- Diskretion,
- Perspektivenwechsel,
- Prozess- und Perspektivendisziplin,
- Ebenenflexibilität,
- Übersetzungsfähigkeiten (Auftrag Ebene 1 bedeutet für Beitrag aus Perspektive der Ebene 2),
- Mischung und bedarfsgerechte Anwendung von Prozessbegleitung, Moderation, Mediation, Managementberatung und Coaching,

- strategische Einordnung der Themen im Interesse des zukunfts-
  fähigen Geschäftsmodells (was braucht das Unternehmen zum
  Überleben? Was sind die konkreten Alleinstellungsmerkmale, die
  strategisch nicht substituierbar sind?, etc.),
- Vorstellungskraft hinsichtlich Regie- und Drehbuchrealisierbar-
  keit = Aufführbarkeit des Stücks (wie Aussagen zusammenfassen
  und darbieten, damit gewünschte Diskussionswirkung zustande
  kommen kann – weniger ist mehr, Einpassung in Gesamtstück,
  Wahl der Medien, Interventionen, Botschaften etc.) vor dem Hintergrund von

  - anspruchsvollen Manager-Erwartungen (unterschiedliche Teil-
    nehmer, Typen, Reifegrade, Professionen, Beziehungen unter-
    einander) und
  - schwierigen Unternehmenssituationen.

»Durch die Integration aller meiner Führungskräfte in die Strategie-
arbeit haben wir deutlich mehr Verständnis füreinander aufbauen
können.«
»Die strategische Steuerung der notwendigen Veränderungen ist besser geworden, da jeder seinen Beitrag kennt und mitgestaltet.«
»Ich kann jetzt besser nachvollziehen, worauf es im Unternehmen ankommt.«
»Im Tagesgeschäft hatten wir in der Folge weniger Grundsatzdis-
kussionen, da wir in der Strategieklausur die Richtung vorgegeben
haben.«
»Wir nehmen uns für strategische Themen jetzt grundsätzlich mehr
Zeit und arbeiten besser zusammen.«
Stimmen der Führungskräfte

Erfahrungen und Nutzen

- *Besseres Verständnis für Zusammenhänge*
  Bessere Einordnung einer Veranstaltung im Gesamtzusammenhang einer Veränderung (Bedeutung, Relevanz, Bezüge, Wirkungs-
  zusammenhänge, Tragweite); konkreteres Verständnis der eigenen

Führungsrolle und Führungsverantwortung im Zusammenhang mit der Veränderungsgeschichte des Unternehmens (Was ist konkret mein Beitrag für die Veränderung? Welchen strategischen Stellenwert hat mein Engagement? Wie müssen wir zusammenarbeiten, damit wir auch zu Ergebnissen kommen? Was ist sonst zu tun/zu verändern/zu entscheiden, damit wir vorankommen?)

- *Besseres Verständnis untereinander/füreinander*
  Besseres Verständnis für die Perspektiven der anderen durch Herausarbeiten der Abhängigkeiten, gemeinsame Vorbereitung, intensiven Austausch und Kennenlernen der Interessen und Bedürfnisse sowie dem gemeinsamen Ebenenwechsel (alle gehen auf die Ebene des Unternehmens, lernen die Sichten der Geschäftsfelder kennen, verdichten und vereinbaren gemeinsam die erfolgskritischen Veränderungsmaßnahmen).

- *Höhere Glaubwürdigkeit*
  Höhere Glaubwürdigkeit bei den handelnden Personen (Konsistenzlinie zur Veränderung im Ganzen). Die Klausur ist nur eine Art Regieüberprüfung (Sind wir noch auf dem richtigen Weg, wohin sollten wir uns entwickeln? Was würde es bedeuten, wenn wir uns in die oder jene Richtung weiterentwickeln?). Ferner ist es möglich, konkrete Diskussionen darüber zu führen, wie die Unternehmensgeschichte weiterentwickelt werden soll und was dafür im Einzelnen getan werden muss. Sind wir willens und in der Lage, diese Veränderung zu gestalten? Was ist uns dabei wichtig und wertvoll, was soll den Unterschied machen?

- *Stärkere Tragfähigkeit*
  Stärkere Tragfähigkeit von Entscheidungen für die Umsetzung durch aktive Beteiligung und Drehbuchgestaltung von Anfang an. Das eigene Rollendrehbuch wird aktiv von den Führungsverantwortlichen selbst mitgestaltet. Dadurch entstehen höhere Identifikation und bewusstere Verantwortungsannahme. Die Verantwortung ist da, wo sie hingehört: bei den internen Mitarbeitern. Externe Berater sind nur als Prozessbegleiter und Unterstützer gefragt. Unterstützt wird lediglich bei der Fokussierung auf Inszenierungszusammenhänge, der Auftragssteuerung und der konkreten Klausurvorbereitung.

- *Komplexitätsreduzierung, inhaltlicher Tiefgang und Systemzusammenhänge*
  Damit wird Komplexität reduziert und inhaltlicher Tiefgang ermöglicht. Die Theatermetapher hilft Übersicht zu bewahren, die Komplexität angemessen zu reduzieren und situativ die relevanten Zusammenhänge zu verstehen (vgl. Schmid und Messmer, 2005, S. 151). Interessant hierbei ist, dass es häufiger gelingt, eine geeignete inhaltliche Tiefe für Diskussionen (»Flughöhe«) zu finden, ohne allzu sehr ins Detail abzudriften. Wenn es vorkommt, dann eher bewusst, z. B. dann, wenn die strategische Relevanz und Tragweite im jeweiligen Thema deutlich wurde und damit das Führungskernteam in der Klausur generell weiterbringt – wichtige »Tiefbohrungen«, um Konsequenzen von Entscheidungen gedanklich »im geschützten Raum« vorwegzunehmen.
- *Höhere Sogwirkung für die Veränderung*
  Durch die Betonung der Veränderungsziele und machbaren Unterschiede für die Zukunft entsteht eine gewisse konstruktive Sogwirkung (Zutrauen, Klarheit, worauf zugesteuert werden soll) und Motivation (Eigensteuerung der Organisation auf gemeinsam getragene Ziel- bzw. Veränderungszustände). Idealerweise entstehen während der Veranstaltung Skizzen oder Bilder, die Zukunftsqualitäten ausdrücken. Die Arbeit mit Metaphern mobilisiert generell kreative Kräfte bei allen Beteiligten. Dadurch fällt es den Mitwirkenden meist leicht, sich anzuschließen (vgl. Schmid und Messmer, 2005, S. 153). Gleichermaßen wird erkennbar, was in den Geschäftsfeldern und auch unternehmensübergreifend angepackt und verändert werden muss (Was konkret macht den Unterschied und warum?).
- *Der Strategieprozess ist erfolgskritisch für das Gelingen der Strategieklausur*
  Der Strategieprozess und die damit verbundene Organisation der Zusammenarbeit haben besondere Bedeutung, um schrittweise Verständnis für die strategische Relevanz von Themen zu entwickeln. Veränderungsbewusstsein baut sich in eigener Welt konkret auf, damit deutlich höhere Klarheit und Identifikation. Veränderungen bekommen mehr »Traktion«. Top-down- und Bottom-up-Prioritäten werden aufeinander bezogen. Zielkonflikte, -abhängigkeiten und -widersprüche werden frühzeitig transparent und auf geeig-

neter inhaltlicher Ebene begreifbar und diskutierbar. Dadurch entsteht Veränderungs-/Umsetzungsbereitschaft und Motivation. Es wird leichter deutlich, ob eine Inszenierung einen eventuell problematischen Verlauf nimmt und an welcher Stelle wer was anders machen muss, um dem Stück/der Veränderung einen positiven Verlauf zu geben (vgl. Schmid und Messmer, 2005, S. 154).

Fazit

Insbesondere bei anspruchsvollen Aufgaben wie der hier dargestellten Strategieentwicklung hilft die Theatermetapher und das Perspektiven-Ereignis-Modell unternehmenskritische Fragestellungen zu identifizieren. Die Gestaltung des Strategieprozesses und die konkrete Drehbucharbeit mit den Protagonisten sind für die Strategieklausur dabei erfolgskritisch.

Durch die gleichzeitige Berücksichtigung von konzeptionellen und umsetzungsrelevanten Aspekten, die unmittelbar mit den vertretenen Führungsverantwortungen (denen der Hauptakteure) verbunden werden, gelingt es, das Unternehmen konkret in eine weitere erfolgreiche Zukunft zu entwickeln. Die Strategieklausur ist dafür ein wichtiger Kristallisationspunkt, um Grundsatz- und Richtungsentscheidungen zu treffen und die Motivationsgrundlage für die weitere Umsetzung zu schaffen.

> »Systemische Konzepte sind sehr wertvoll für die Entscheider- und Steuerungsebene und helfen den verantwortlichen Führungskräften, die zentralen Veränderungsthemen zu identifizieren und gemeinsam zu bearbeiten. Der Berater kann hierbei insoweit unterstützen, dass stimmige und innovative Inszenierungen zustande kommen.«
> *Peter Mann*

Quellen und Literaturhinweise

Schmid, B.; Messmer, A. (2005). Systemische Personal-, Organisations- und Kulturentwicklung – Konzepte und Perspektiven. Bergisch Gladbach: EHP-Verlag.

Nagel, R. (2007). Lust auf Strategie: Workbook zur systemischen Strategieentwicklung, Stuttgart: Klett-Cotta.

Nagel, R.; Wimmer, R.; osb international (2002). Systemische Strategieentwicklung – Modelle und Instrumente für Berater und Entscheider. Stuttgart: Klett-Cotta.

Artikel im Download-Bereich des Instituts für Systemische Beratung (www.systemische-professionalitaet.de):
Nr. 021 – Innovationen in Szene setzen
Nr. 037 – Die Theatermetapher
Nr. 068 – Auf dem Weg zu einer Verantwortungskultur
Nr. 090 – Die Theatermetapher in der Praxis
Nr. 092 – Perspektiven-Ereignis-Modell
Nr. 709 – Innovationsbrücken für Change Manager

Der Autor

Peter Mann (Jg. 1961) ist Vorstandsvorsitzender der businessforce Unternehmensberatung.

Er ist spezialisiert auf die Themen Strategieentwicklung, Leaderchip Coaching und Konfliktmanagement und verfügt über langjährige Führungs- sowie Beratungserfahrung mit umfangreichen Unternehmens- und Kulturveränderungen.

Davor war er als Business-Unit-Manager und Vice President von Cap Gemini für Financial Services in Deutschland verantwortlich und begleitete mit seinem Team Post-Merger-Integrationen und strategische Change-Programme seiner Kunden.

Seit 2001 arbeitet er intensiv mit systemischen Konzepten und Perspektiven im Bereich Organisations- und Personalentwicklung. Er hat in diesem Zusammenhang an mehreren Curricula am Institut für Systemische Beratung in Wiesloch teilgenommen und ist dort auch als Master registriert (siehe Masterprofile unter Netzwerk-Bereich in: www.systemische-professionalitaet.de)

E-Mail-Kontakt: peter.mann@businessforce.eu

Markus Schwemmle und Matthias Singer

»Just learning«

Wie eine Peergroup zu einer lebendigen Lerngemeinschaft wird

> »Ich bin hier um mit euch zu lernen. Ich will einfach auch mal Sachen ausprobieren, bei denen ich mich noch nicht wirklich sicher fühle. Vor allem möchte ich mal sehen, wie es ist, wenn ich etwas vorbereite und dann anderen erkläre und dazu ehrliches Feedback zu mir und meiner Art und Weise bekomme. Wenn nicht hier, wo dann?«
> *Teilnehmerin*

Wozu eine Peergroup?

Für die Gründung einer Peergroup gibt es vielfältige Gründe. Bei uns war diese motiviert durch den Wunsch nach Austausch und Übungsmöglichkeiten sowie durch die Tatsache, dass sich mehrere Gründungsmitglieder in systemischen Beraterausbildungen befanden, in denen eine Peergroup entweder als Teil der Ausbildung vorgeschrieben war oder zumindest zur Begleitung der Ausbildung angeraten wurde.

Peergroup (»peer« aus dem Englischen »gleichrangig, ebenbürtig«) meint in unserem Zusammenhang eine offene Lern- und Übungsgruppe ohne nennenswerte formale Hierarchie. So finden Vorbereitung und Moderation der einzelnen Treffen beispielsweise reihum statt.

Zielsetzung unserer Peergroup ist es, einen Rahmen zu schaffen, in dem wir in angenehmer Atmosphäre systemische Interventionen üben und vertiefen, unseren Methodenkoffer ausbauen und verfeinern, von den Praxiserfahrungen der anderen Peers lernen und darüber hinaus Hilfe und Unterstützung durch Tipps und Coaching bei eigenen Fällen und Anliegen erhalten. Diese Zielsetzung wurde in den drei Jahren seit Bestehen der Peergroup konsequent umgesetzt.

Die fünf Gründungsmitglieder der Peergroup, die ihre systemische Ausbildung an verschiedenen Institutionen absolvierten, entschieden sich von Anfang an für eine offene Peergroup, bei der jeder eingeladen werden kann, der sich in einer systemischen Beraterausbildung befindet oder diese bereits abgeschlossen hat und der darüber hinaus über ein Anwendungsfeld als Freiberufler bzw. Angestellter verfügt, aus dem er Fälle und Erfahrungen seiner Beratungspraxis einbringt.

Die Peergroup dient dem Ausbau der eigenen beruflichen Professionalität als Trainer, Coach, Moderator, Berater bzw. Personal- und Organisationsentwickler. Dies geschieht durch Erweiterung von Methodenkompetenz, Reflexion der eigenen Rolle und Verantwortung sowie der Erweiterung der eigenen Handlungskompetenz durch Fallbearbeitung und Feedback. Darüber hinaus ermöglicht die Peergroup die Vernetzung mit einem interdisziplinären Kreis von Kollegen und Experten, der für die Bewältigung eigener beruflicher Herausforderungen hilfreich ist.

Start einer Peergroup

Teilnehmer gewinnen: »Jedem Anfang wohnt ein Zauber inne.« Damit dies gelingt, war eine unserer ersten Überlegungen, wie man Menschen gewinnt, die sich gern an einem solchen Lernsetting beteiligen. Da das gegenseitige Lernen im Vordergrund steht, spielten finanzielle Überlegungen keine bedeutende Rolle. Der erste Schritt bestand darin, möglichst viel Spannung und Neugier zu wecken, um geeignete Mitstreiter für die Peergroup zu gewinnen. Um die Arbeit dieser Gruppe ins Leben zu rufen, brauchte es eine Initiative. So fanden sich zunächst fünf Personen zu einer Kerngruppe zusammen. Es wurde ein Termin in einem gemieteten Raum in einem Restaurant festgelegt. Über das Professionsnetzwerk des Instituts für Systemische Beratung wurde eine Ausschreibung dieses Termins vorgenommen. Hierauf meldeten sich 20 Interessenten, von denen 12 am »Gründungsabend« der Peergroup teilnahmen.

Nutzung eines vorhandenen Netzwerks: Für den Start der Peergroup war es außerordentlich hilfreich, dass mit dem Netzwerk von Absolventen des Instituts für Systemische Beratung in Wiesloch bereits ein großes Netzwerk von Personal- und Organisationsentwicklern nutzbar war und per E-Mail adressiert werden konnte. Darüber hinaus wurden bestehende Kontakte zu befreundeten Beratern genutzt, um weitere Interessenten zu gewinnen.

Initiative: Ohne die Initiative der Kernteam-Mitglieder wäre die Peergroup nicht zustande gekommen. Es braucht Personen, die sich beständig um Rahmenbedingungen kümmern und weitere Treffen ermöglichen. Es geht darum, dem Austausch und der gemeinsamen Arbeit einen zuverlässigen und passenden Rahmen zu geben. Diese Form der Initiative ist eine Form der Moderation vorhandener Energien und Eigeninitiative. Damit unterscheidet sie sich grundlegend von der Form des »Managements« von Gruppensituationen, in denen Motivation zur Zusammenarbeit extrinsisch mittels Druck und Belohnungen herbeigeführt wird.

Freiwilligkeit: Ein entscheidender Punkt bei der Arbeit in der Peergroup ist ihre Freiwilligkeit. Keiner ist zur Mitarbeit gezwungen. Es geht um die Lust am gemeinsamen Lernen, den freiwilligen offenen Austausch und das Entstehen partnerschaftlicher Netzwerke.

Verantwortung: Die Peergroup wird von Mal zu Mal organisiert. Das heißt, die anwesenden Teilnehmer eines Treffens übernehmen die Verantwortung, die nächsten ein bis zwei Abende inhaltlich zu planen. Einer der Anwesenden schreibt nach dem Treffen eine kurze Zusammenfassung und stellt diese tfür alle Mitglieder der Peergroup ins Netz. So gelingt es, Orientierung zu geben und Neugierde auf die nächsten Treffen zu wecken. Die Verantwortung für den darüber hinausgehenden Rahmen (Organisation des Raumes etc.) wurde in erster Linie durch die Kernteam-Mitglieder getragen.

Spaß: Von Anfang an war es allen wichtig, dass der Spaß des gemeinsamen Arbeitens und Lernens im Vordergrund steht. Die Teilnahme an der Peergroup ist kostenlos. Es geht weder um Gewinn noch um vordergründige Positionierung (alle Peergroup-Teilnehmer sind gleichrangig). Spaß wurde unterstrichen durch die gemeinsame Zeit vor und nach jedem Treffen der Peergroup, bei dem immer auch persönlicher Austausch möglich war. Die gemeinsame Freude am Ausprobieren neuer Methoden und die zwanglose Lernatmosphäre haben viel zu einer Kultur von Dialog und Gegenseitigkeit beigetragen.

Erneuerte Leidenschaft: In Paarbeziehungen kommt irgendwann der

Punkt, wo aus anfänglicher Begeisterung und Leidenschaft entweder Liebe oder Langeweile wird. So ähnlich verhält es sich auch in Peergroups. Wenn sich Menschen über Monate und Jahre immer wieder treffen, dann ist die Frage berechtigt, wie der Schwung des Anfangs lebendig gehalten werden kann. Ähnlich wie in Paarbeziehungen gibt es dafür kein Patentrezept. Rote Rosen und Geschenke allein sind kein Garant für eine dauerhaft lebendige Ehe. Gute Impulse erhielt unsere Peergroup von neuen und wechselnden Teilnehmern sowie durch den Wechsel der Themenverantwortlichen des jeweiligen Treffens.

Die Unterschiedlichkeit dieser verschiedenen – oft neuen – Akteure, die ihre Themen für die »Bühne« der Peergroup zur Verfügung stellten, hat immer wieder für Elemente von Abwechslung gesorgt. Bewirken diese thematische Abwechslung und die Aufnahme neuer Teilnehmer, dass die Peergroup kontinuierlich durch neue Impulse inspiriert wird, so trägt die kontinuierliche Teilnahme vieler, langjähriger Peers zum Zusammenhalt der Gruppe bei. Es ist möglich, die Entwicklung einzelner Teilnehmer über die Monate hinweg mitzuverfolgen und Anteil zu nehmen, was zu einer gewissen Vertrautheit und Verbundenheit führt.

Methodenwerkstatt, Fallbearbeitung und Networking

Grob lässt sich eine Peergroup in drei Bereiche gliedern:
- Methodenwerkstatt: Methoden kennenlernen und damit experimentieren,
- Fallbearbeitung: Arbeit an Praxisfällen aus dem eigenen Berateralltag,
- Networking: Andere an eigenen Erfahrungen und Kontakten teilhaben lassen.

In den einzelnen Treffen der Peergroup haben diese drei Nutzenaspekte jeweils ein unterschiedliches Gewicht. So steht die Methodenwerkstatt anfangs klar im Vordergrund, während das Thema Networking mit zunehmender Vertrautheit nach und nach an Gewicht gewinnt.

Methodenwerkstatt

Die Werkstattmetapher ist ein sehr schönes und lebendiges Bild für diesen Aspekt unserer Arbeit. Hier wird an Methoden gefeilt und gehobelt, es stehen unterschiedlichste bekannte und exotische Werkzeuge zur Verfügung, mit denen experimentiert und gearbeitet wird. Der Spaß am Ausprobieren und Üben verhilft zur Virtuosität im Umgang mit dem eigenen Werkzeugkoffer. Feinschliff am eigenen methodischen Geschick und das Ergänzen des Methodenrepertoires durch neue Instrumente verhelfen zu mehr Handwerkskunst. Die lustvolle Lärmkulisse, die entsteht, wenn fünf Kleingruppen parallel loslegen, passt ebenfalls ins Bild – echter, lebendiger Werkstattlärm.

Wie läuft solch eine Methodenwerkstatt nun im Einzelnen ab? In der Regel bereitet jeweils ein Peer das Treffen inhaltlich vor und moderiert es. Aufhänger sind beispielsweise Themen wie »Schritte der Auftragsklärung«, »zirkuläre Fragen«, »Tetralemma – eine Methode zum Umgang mit Dilemmata«, »Einsatz des Familienbretts im Coaching«, »methodische Anregungen der Hypnotherapie nach Milton Erickson«, »Arbeit mit Raumankern«, »wohl formulierte Zielfindung«, »Arbeit mit Metaphern«, »Arbeit mit Glaubenssätzen«, »Umgang mit beruflichen Übergangssituationen« etc.

Letztlich ist jedes Thema geeignet, das einer von uns in Trainings- oder Weiterbildungsgruppen ausreichend kennengelernt hat, um es soweit aufzubereiten, dass er die anderen in das Thema einführen und eine passende Übung dazu anbieten kann. Dabei ist es nicht entscheidend, dass er bereits routinierter Experte in dieser Methode ist. Wir hatten schon sehr fruchtbare Peertreffen, in denen jemand eine Methode, die er gerade erst kennengelernt hatte, einmal ausprobieren wollte, um zu sehen, ob und wie er diese in seinen Berateralltag integrieren kann. Beim Experimentieren und der anschließenden Diskussion kam eine Fülle von Anregungen zusammen, von der sich jeder etwas mitnehmen konnte.

Die Methodenwerkstatt ist das Gegenstück zur Fallarbeit. Während es bei der Fallarbeit darum geht, den Fallgeber bei einem bestimmten Problem oder einer klar umrissenen Herausforderung zu unterstützen und die eingesetzte Methode passend zur Fragestellung des Fallgebers ausgewählt wird, ist es bei der Methodenwerkstatt gerade umgekehrt.

Hier steht die ausgewählte Methode im Vordergrund und es werden passend dazu Fragestellungen aus der Praxis gesucht. Zwar kann der jeweilige Fallgeber damit rechnen, einige gute Anregungen zu erhalten, schwerpunktmäßig geht es aber darum, sich mit der jeweiligen Methode vertraut zu machen und diese zu erleben.

Fallbearbeitung

In der Fallbearbeitung, die neben der Methodenwerkstatt das zweite wichtige Element unserer Arbeit in der Peergroup bildet, steht der Fallgeber mit seiner individuellen Fragestellung im Vordergrund. Die Fallbearbeitung wurde von uns in der Münchner Peergroup deutlich seltener eingesetzt als die Methodenwerkstatt, hat uns aber ebenfalls schon gute Dienste geleistet.

Wenn ein Peer eine aktuelle Fragestellung oder ein akutes Problem hat, kann er dies am Anfang der Peergroup einbringen und die anwesenden Teilnehmer überlegen dann gemeinsam, ob und wie sie Unterstützung leisten können. Das kann von bilateralen Unterstützungsangeboten (Coaching nach der Peergroup durch einen anderen Peer oder im kleinen Kreis) bis hin zur Änderung der Agenda des Abends gehen (wir verkürzen den Methodeninput und reservieren die zweite Hälfte des Abends für die Fallbearbeitung).

Abhängig davon, wie dringend der Fall ist, wie gut die Gruppe in der Lage ist, dem Fallgeber in dessen spezifischer Frage helfen zu können, und wie groß die Energie in der Gruppe ist, sich mit dieser Fragestellung zu befassen, wird eine Lösung ausgehandelt. Hier gibt es keinen Mechanismus, der vorab das Ergebnis festlegt (etwa dass dringend vorgetragene Einzelfälle immer Vorrang hätten). Bisher ist es uns nach diesem Prinzip des offenen Aushandelns immer gelungen, zu einer guten Entscheidung zu kommen, die sowohl dem Interesse des Fallgebers als auch dem der anderen Gruppenmitglieder gerecht wurde.

Das Vorgehen in der Fallbearbeitung ist dann ein klassisches Coaching oder Peer-Coaching im Sinne von kollegialer Beratung. Eine Person übernimmt es, die Ortsbegehung zu steuern (Worum geht es? Was ist los?) und zu begleiten. Sie konkretisiert die Fragestellung und erkundet erste Hintergrundinformationen und Zusammenhänge. Hier gilt die Regel: Je knapper desto besser. Anschließend wird in der gesamten Gruppe überlegt, welches methodische Vorgehen der Fragestellung am besten gerecht wird und welche Alternativen es gibt.

Dieser zweite Teil der Fallbearbeitung wird dann von einem Berater angeleitet, der für die Gestaltung dieses zweiten Prozessschrittes die Leitung übernimmt. Oft handelt es sich dabei um eine andere Person als bei der Ortsbegehung. Dieser zweite Berater entscheidet dann im weiteren Verlauf des Coachings auf Grundlage der Anregungen, die er von der Gruppe erhalten hat darüber, welche Methoden er tatsächlich einsetzt und wie er die Gruppe methodisch als Ratgeber (Reflecting Team) für sich selbst oder als Beobachter und Feedbackgeber für den Fallgeber einsetzen möchte.

Oft ist es neben diesen beiden Möglichkeiten – klassisches Coaching in der Gruppe oder Auslagerung und bilaterale Unterstützung außerhalb des Treffens – möglich, dass ein Peer seine aktuelle Fragestellung in der Methodenwerkstatt bearbeitet und dadurch ebenfalls einen guten Schritt vorankommt.

Networking

Die dritte wichtige Funktion der Peergroup ist das Thema »Networking«. Damit ist die Vernetzung der Peers untereinander gemeint. Mit der zunehmenden Vertrautheit der Teilnehmer untereinander wächst die Bereitschaft, sich einzelnen Teilnehmern und der Gruppe gegenüber mehr zu öffnen. Es werden Tipps und Informationen ausgetauscht, Feedback und Rat gegeben und es entstehen Arbeitsbeziehungen, die weit über den Rahmen der Peergroup hinausgehen, indem Peers beispielsweise gemeinsam Projekte durchführen.

Aus unserer Erfahrung greift der Aspekt des Networking umso stärker, je besser das Vertrauen unter den Teilnehmern und in der Gruppe gediehen ist. Ist der Nutzen der Peergroup beispielsweise über die gemeinsame Arbeit in der Methodenwerkstatt gegeben und ist die Kultur der Gruppe auf Offenheit, Engagement und Eigeninitiative gegründet und durch konstruktives Feedback und maßvoll eingesetzte Reflexionsrunden unterstützt, so ist die Chance sehr hoch, dass ein tragfähiges, professionelles Netzwerk entsteht.

Scheitern und Gelingen einer Peergroup

Im Laufe unserer Berufs- und Ausbildungspraxis sind uns unterschiedliche Spielarten von Peergroups begegnet. Einige funktionieren sehr gut, andere sind schon nach kurzer Zeit wieder eingeschlafen. Was macht nun den Unterschied aus, zwischen einer lebendigen Peergroup, die über etliche Jahre Bestand hat, und einer anderen, die über die Anfangsphase kaum hinauskommt?

Erfolgsfaktoren

Für das Gelingen stand unserer Peergoup unter anderem ein Modell Pate, das vor allem beim Einsatz von sogenannten »Communities of Practice« zum Einsatz kommt. Der geistige Vater dieses Konzepts ist Etienne Wenger (Honorarprofessor an der Universität von Aalborg in Dänemark). Er nennt vier Haupterfolgsfaktoren für das Gelingen von Communities of Practice:
1. Kontakt
2. Vertrauen
3. Feedback
4. Identität

Kontakt schaffen: Guter Kontakt ist eine Qualität. Die Grundfrage ist, auf welche Art und Weise Teilnehmer einer Peergroup in einen guten Kontakt zueinander kommen. Kontakt ist etwas, für das es mehr braucht als nur eine Anleitung oder eine Gruppenübung. Kontakt ist Bestandteil einer Gruppen- und Lernkultur. Kultur ist nicht nur etwas, was man einmal herstellt und sich dann darauf verlassen kann, dass es halt jetzt da ist. Kultur braucht beständige Erneuerung. Ein Zitat von Bernd Schmid kann dies untermauern: »Kultur ist wie Frischgemüse. Wenn man es dauerhaft genießen will, dann muss man sich beständig darum kümmern, dass welches nachwächst.« Und so ist es auch mit der Kontaktqualität. In der Peergroup der systemischen Beraterinnen und Berater in München legten wir von Anfang an Wert auf hohe Kontaktqualität. So haben wir beispielsweise auf eine prägnante und persönliche Einstiegsrunde geachtet. Insbesondere wenn neue Personen dabei waren. Die Kernteam-Mitglieder sowie die Teilnehmerinnen und Teilnehmer die häufiger anwesend waren, wurden zu besonderen Kulturträgern der Kontaktkultur. Sie waren häufig Modell für das, was an diesem Abend in der gemeinsamen Lernarbeit an lernförderlichem Verhalten angemessen war. So gelang es, in immer kürzerer Zeit eine hohe Form der Bezogenheit der einzelnen Teilnehmer aufeinander herzustellen, ohne dass eine explizite Regel diesbezüglich aufgestellt werden musste.

Vertrauen bilden: Kann man Vertrauen verordnen? Sicher nicht. Vertrauen ist etwas, das entsteht, wenn man Erfahrung miteinander macht. Vertrauen ist ebenso ein Kulturelement wie Kontakt, nur nicht in direkter Form herstellbar. Bei vielen Teilnehmern gab es so etwas wie einen Vertrauensvorschuss. Am ISB in Wiesloch entsteht ebenfalls sehr früh Vertrauen zu anderen Teilnehmern durch ein intensives Kennenlernen. So ist durch eine hohe Kontaktqualität das Vertrauen größer. Vertrauen gründet auf Wertschätzung und gegenseitigem Respekt. Damit entsteht Vertrauen mehr durch eine persönliche Haltung als durch Programmpunkte und die Langfristigkeit und Nachhaltigkeit, mit der die Peergroup aktiv ist. Sicherlich sind in der gemeinsamen Lernerfahrung unterschiedliche Grade an Vertrauen entstanden. Und wo Menschen sind, da entstehen oft Friktionen oder es tritt der Effekt ein, dass man mehr *über* den anderen spricht als miteinander. Offener Dialog und Feedback sind etwas, das diesem Effekt entgegengesetzt werden konnte. Unter Vertrauen wird oftmals die Annahme verstanden, dass Entwicklungen einen positiven oder erwarteten Verlauf nehmen. Für einen positiven Verlauf können vor allem die Rahmenbedingungen sorgen. Im Rahmen der Peergroup fand genau das statt, was die Teilnehmer im Sinne einer Lernerfahrung beitragen oder erleben wollten. Freiwilligkeit und Selbstorganisation als Grundwerte des gemeinsamen Lernerlebnisses stellten sicher, dass jeder Teilnehmer seinen Beitrag zum Gelingen der Abende geben konnte. Ein Beispiel: Als ein heikles Thema an einem Abend vorgestellt wurde (Einführung in die Hypnose), war die übliche Anzahl von Personen anwesend. Bereits in der Einstiegsrunde wurden die Bedenken Einzelner benannt. Der Ablauf von Theorie/Input/gemeinsames Üben/Reflexion war eine wichtige Leitplanke für die Gestaltung dieses Abends. Die schriftlichen und mündlichen Rückmeldungen am Ende der Veranstaltung zeigten deutlich, dass das Selbst-Erleben und Ausprobieren den größten Nutzen bezüglich des Lerneffekts und der Akzeptanz von Themen bieten. Vertrauen in den Rahmen stärkt Vertrauen in die Inhalte und die eigene Kompetenzsteigerung.

Feedback geben: In der gemeinsamen Lernarbeit wurden unterschiedliche Formen von Feedback verwendet. Einerseits erhielten die inhaltlich Verantwortlichen von Peergroup-Veranstaltungen immer Feedback hinsichtlich der Inhalte und der Darbietung im Sinne der eingesetzten Didaktik. Es hat sich bewährt, einen zweistündigen Abend mit drei Elementen zu gestalten: 30 % Input und Demonstration im Plenum zu einem Thema, 30 % eigenes Ausprobieren/Arbeiten, 30 % Reflexion und Feedback. Feedback war für das gemeinsame Ausprobieren und Lernen der Teilnehmer wichtig. Zum Beispiel war es nach einer Übungssequenz wichtig, dass die Teilnehmer in einer aktiven Rolle ein Feedback für die gemeinsame Arbeit bekommen haben, damit eine Integration in den persönlichen Arbeitsstil stattfinden konnte. Die letzte Form des Einsatzes von Feedback galt den Teilnehmern, die nicht anwesend sein konnten. Nach jeder durchgeführten Peergroup gibt es eine schriftliche Rückmeldung über das, was an einem Treffen durchgeführt wurde. Häufig hat diese Form der Rückmeldung zu weiteren Nachfragen oder Empfehlungen geführt

Identität erzeugen: Das ist die Antwort auf die Frage: Wer ist eigentlich in einer Peergroup? Identität ist das Gegenteil von Anonymität. Nur wenn jemand erkannt und gekannt wird, findet ein ganzheitlicher, persönlicher Austausch statt. Zum heutigen Zeitpunkt der Peergroup können sich Mitglieder der Peergroup auf zwei Arten zeigen: Einerseits bekommen sie ein Gesicht bei der Teilnahme an den Lernabenden durch eine persönliche Erzählung. Andererseits besteht die Möglichkeit, die Identität durch die eingesetzte Informationstechnologie zu verstärken. Während die technische Unterstützung bisher noch nicht vollständig ausgeschöpft wurde, so wurde in den Treffen viel Wert darauf gelegt, dass die Teilnehmer sich ausführlich vorstellen konnten, um eine Kompetenzvermutung und ein Kennenlernen zu erzeugen. Am meisten von ihrer Identität gaben in der Regel diejenigen preis, die ein Thema einbrachten und so einen ganzen Abend gestalteten.

Eigene Spielregeln: Zusätzlich zu den vier Perspektiven Kontakt, Vertrauen, Feedback und Identität hatte die Peergroup noch weitere Merk-

male im Sinne von wenigen Spielregeln. Dies wurde als Richtschnur
vor allem für die Teilnehmer wichtig, die entweder einen Abend vor-
bereiteten oder einen Bericht über einen Peergroup-Abend verfassen
wollten.

Spielregeln

Zuerst geben wir hier ein paar Erfahrungen wieder, was in der Vergangenheit in verschiedenen Peergroups nicht funktioniert hat:

Bierchen: Ein Klassiker für das Scheitern einer Peergroup ist der
Stammtisch. Statt neue Methoden auszuprobieren oder an eigenen
Fällen zu arbeiten, trifft man sich zum allgemeinen Austausch und
Networking in einer Kneipe, bestellt sein Bierchen und plaudert mehr
oder weniger unstrukturiert über dies und das. Dieser Ansatz macht
die ersten Male noch Spaß, läuft sich aber schnell tot, da nichts wirklich etwas Neues entsteht. Auch vom Bierchen vor der Methodenwerkstatt raten wir nach unserer Erfahrung eher ab. Das verbindliche
methodische und inhaltliche Arbeiten ist ein entscheidender Erfolgsfaktor für eine lebendige Peergroup und kann durch einen gemüt-
lichen Stammtisch vielleicht ergänzt, aber keinesfalls ersetzt werden.

Wo warst du? Ein zu hoher Grad an Verbindlichkeit, was Teilnahme
und eigene Beiträge betrifft, kann schnell viel schlechtes Gewissen erzeugen und den Spaß an der Veranstaltung verderben. Es gilt: Diejenigen, die da sind, sind die Richtigen. Interessanterweise kam es immer
mal wieder vor, dass sich Teilnehmer meldeten, um sich von der Peergroup zu verabschieden, weil sie die Verantwortung verspürten teilzunehmen.

Bei mir läuft momentan auch alles super … Die Methodenwerkstatt
und noch stärker die Fallarbeit leben davon, dass die Teilnehmer sich
einbringen und bereit sind, eigene Befürchtungen, Fehler und Pannen
zu reflektieren. Dafür ist es notwendig, dass schrittweise Vertrauen
aufgebaut wird und die Teilnehmer sich öffnen. Gelingt dies nicht, so
verflacht die Veranstaltung zu einer akademischen Fachsimpelei. Erst
durch die Anwendung einer Methode auf eigenen Fragestellungen wird
diese lebendig. Erst durch das Bearbeiten von Praxisfällen, die mich

tatsächlich bewegen, wird die Veranstaltung authentisch und gemeinsames Lernen auf einer tieferen Ebene ermöglicht.

Und was sollen wir heute machen? Spontaneität ist gut, Vorbereitung ist besser. Es hat sich bewährt, dass jedes Treffen von einem Themenverantwortlichen vorbereitet wird. Dadurch bekommt jedes Treffen einen eigenen thematischen Höhepunkt und wir können sofort loslegen. Dies ist besonders wichtig, wenn man wie viele von uns nach einem langen Arbeitstag und einem Anfahrtsweg durch die halbe Stadt sowieso schon etwas erschöpft ist. Leerlauf am Anfang einer Veranstaltung ist dann doppelt demotivierend.

Die Peergroup hatte sich kontinuierlich weiterentwickelt und damit auch ihre Spielregeln. Die wichtigste Regel lautet bis heute: »Gegenseitiges Lernen steht im Mittelpunkt«. Bei allem Networking und dem Wunsch, andere Personen über das eigene Tun oder neue Produkte zu informieren, ist der Fokus auf dem Lernen. In der Umsetzung hat das konkrete Konsequenzen: Die erste halbe Stunde der Treffen bietet heute die Möglichkeit zum Networking. Dann wird losgelegt und das Thema des Abends steht für zwei Stunden im Fokus.

Die systemische Peergroup ist bewusst offen gestaltet, das heißt, sie ist keine Veranstaltung des Instituts für systemische Berater, sondern für alle Personen mit systemischem Hintergrund offen. Das hat zu einem breiten Spektrum von Peers geführt: Von Therapeuten über Trainer und Personalentwickler bis zu Unternehmensberatern ist alles vertreten. Diese Buntheit hat sich als fruchtbar und anregend erwiesen.

Steuerung des gemeinsamen Lernprozesses und Designs

Für die Steuerung einer Peergroup als ein lernendes System, das sich selbst immer wieder neu definiert sind andere Prinzipien und Kriterien wichtig als beispielsweise für ein Seminarsetting. Im Folgenden werden einige dieser Prinzipien und die Auswirkung auf die Gestalt der Peergroup näher beschrieben:

»Design for Evolution«: Insbesondere bei sich selbst steuernden Gruppen gelten andere Gesetze hinsichtlich der Teilnehmerzahl. In

den ursprünglichen Überlegungen hatte das Kernteam sich lediglich eine Mitgliederzahl von ca. 20 Personen vorgenommen. Nach drei Jahren der Arbeit in der Peergroup waren aber 68 Mitglieder eingetragen. Design for Evolution heißt das Prinzip, in dem es wesentlich darum geht, Weiterentwicklungen grundsätzlich mit in das Konzept einzubeziehen und dies nicht zu starr zu entwickeln. Es braucht natürlich einen anderen Umgang mit einer Gruppe von etwa 20 Personen als mit über 60 Mitgliedern. Design for Evolution ist ein immer wiederkehrender Prozess und beinhaltet die Offenheit, neue Prozesse und Ideen zu verwirklichen.

Unterschiedliche Grade an Beteiligung ermöglichen: Eine große Zahl von Menschen an einem Thema teilhaben zu lassen bedeutet, die Art der Beteiligung nicht festzulegen. Während die meisten geschlossenen Lerngruppen mit wenigen Personen von einem gegenseitigen Commitment zur Teilnahme leben, wurde hier genau das gegenteilige Prinzip eingeführt. Das Kernteam macht häufig die explizite Aussagen, dass es völlig in Ordnung ist, wenn man z. B. nur einmal pro Jahr an einer Veranstaltung teilnimmt. Dies entlastet viele Mitglieder von dem Zwang, teilnehmen zu müssen und sich jedes Mal zu entschuldigen und damit schuldig und schlecht zu fühlen. Dies hat dazu geführt, dass immer ausreichend Teilnehmer anwesend sind und trotzdem keine Überfüllung an den Abenden stattfindet.

Einen Rhythmus kreieren: Der erste Montag im Monat wurde als »der Peergroup-Tag« ausgesucht. Im monatlichen Rhythmus ist es für viele leichter, sich an das Treffen zu erinnern. Es gibt meistens drei besondere Abende: den letzten Abend im Kalenderjahr, der zu einer Art gemeinsamem Rückblick genutzt wird, und den ersten Abend im neuen Jahr bzw. nach der Sommerpause, der immer eine Bedeutung wie ein »Kick-On« hat. Der Rhythmus sorgt für empfundene Verlässlichkeit der Gruppentreffen und für Entlastung auf der Planungsseite.

Vertrautheit mit Spannung kombinieren: Wie zu Beginn erwähnt ist eines der Ziele eine emotionale Bindung an die Lerngruppe. Dies wurde dadurch erreicht, dass eine gewisse Vertrautheit z. B. durch verlässliche Organisation und Rahmengebung durch das Kernteam erzeugt wird. Spannung entsteht gleichzeitig, indem immer wieder neue Personen attraktive Themen vorbereiten und den Teilnehmern und Mitgliedern anbieten. Zusätzliche Spannung bereitet die Möglichkeit, neue Personen kennenzulernen (durch die Offenheit), und die Chance, selbst in vertrauter Atmosphäre tätig werden zu können.

Ausblick

Wie wird sich die Peergroup insgesamt weiterentwickeln? Stand heute: Wir wissen es nicht und es gibt auch keine »strategischen Vorgaben«. Die Gruppe selbst definiert ihre Inhalte ständig neu, abhängig von den Interessen und der Lust der Teilnehmer. Wir sehen die Peergroup heute im Sinne einer Metapher wie ein Lagerfeuer: Es gibt Teilnehmer, die mehr oder weniger regelmäßig zu diesem Lagerfeuer kommen. Einige bringen dafür Brennstoff mit. Eine Gruppe in unterschiedlicher Zusammensetzung veranstaltet dann die Lagerfeuer-Abende und alle Beteiligten können sich aus der Nähe an der Wärme des Lagerfeuers erwärmen. Manche stehen bildlich gesprochen etwas weiter entfernt. Sie bekommen mit, dass ein Lagerfeuer entzündet wurde, und erfreuen sich aus der Ferne am Feuerschein. Alle Personen, ob nah dran oder in der Ferne, sind wichtig für das Lernsystem. Manchmal tauchen Mitglieder nach Monaten wieder aus der Entfernung auf und äußern sich sehr positiv zu vergangenen Peergruppen-Abenden, obwohl sie gar nicht dabei waren, sondern nur die obligatorischen Zusammenfassungen in ihrer E-Mail gelesen hatten und dadurch inspiriert wurden. Diese hatten offenbar schon einen Effekt auf ihr Lernen. Besonders hilfreich ist dabei die Zusicherung, dass niemand ausgeschlossen wird, sondern alle immer gleichberechtigt an den Lernabenden teilnehmen können. Das stellt bisher sicher, dass sich immer genügend Interessierte zusammenfinden. Und wer weiß, wie lange dieses Erfolgsmodell weiter trägt.

Die Autoren

Markus Schwemmle (Jg. 1968) ist seit 2007 selbständig als Unternehmensberater, Coach und Führungskräfteentwickler tätig. Er leitet ein eigenes Dienstleistungsunternehmen und ist Master am Institut für Systemische Beratung in Wiesloch und dort als Lehrtrainer tätig. Er verfügt über eigene Erfahrung als Führungskraft in einem internationalen Konzern.

Seine wesentlichen Arbeitsschwerpunkte liegen in der Begleitung von Veränderungsprozessen und in der Führungskräfteentwicklung.

E-Mail-Kontakt: markus@schwemmle.de

Matthias Singer (Jg. 1966) ist nach mehrjähriger freiberuflicher Tätigkeit seit über zehn Jahren als Personal- und Organisationsentwickler in fester Anstellung bei verschiedenen internationalen Konzernen aus dem Energie-, Software- und Elektronikbereich.

Seine Schwerpunktfelder sind Kreativität, Innovation und Führungstraining.

E-Mail-Kontakt: sinmat@web.de

Jaakko Johannsen

Kraftvolle Visionsarbeit in der Unternehmensgründung

Beseelung eines Unternehmens

Dieser Beitrag richtet sich an Unternehmens- bzw. Existenzgründer, die sich dafür interessieren, wie andere eine kraftvolle Startphase gestaltet haben. Berater mit Interesse an der Arbeit mit seelischen Bildern finden hier auch ein Beispiel für den Einsatz von seelischen Leitbildern. Ich schildere das methodische Vorgehen am Beispiel meiner eigenen erfolgreichen Unternehmensgründung. Beschreibungen von Bildern aus dem Prozess sind beispielhaft in Kästen über diesen Beitrag verteilt.

> *Ein Mann steht vor einem Gefängnis. Hinter ihm schließt sich das Gefängnistor. Der Mann in ziviler Kleidung blickt nach vorn und ist im Begriff loszugehen. Sein Zögern verrät, dass er wiederkommen wird. Er hat nur Freigang.*

Die Ausgangssituation

Die Passung zwischen unseren beruflichen Lebensentwürfen und den Realisierungsmöglichkeiten in dem Großkonzern, für den wir drei insgesamt über 50 Jahre gearbeitet haben, war nicht mehr gegeben. Die Sinnhaftigkeit unseres Tuns war uns nach der x-ten Sparwelle allmählich abhanden gekommen. Gemeinsam planten wir die Gründung eines eigenen Unternehmens. Die Vorbereitungen liefen seit mehr als einem Jahr. Nun ging es in einer konstituierenden Sitzung im Kreis der drei Unternehmensgründer um die *Beseelung* des neuen Unternehmens.

Wir standen an der Schwelle: Aus einer subversiven Idee war Ernst geworden. Die Aufhebungsverträge waren unterschrieben, der Point

of no return war passiert. Auf der Tagesordnung stand neben strategischen Überlegungen zum Portfolio, zu den Referenzprojekten und
neben rechtlichen Themen auch die Gestaltung des neuen Unternehmens: Wie soll unsere Organisation aussehen? Wie muss sie aussehen,
damit sich jeder gleichermaßen wohl fühlt? Was erwartet jeder Einzelne von sich und von der Organisation? Welchen Platz sieht er für sich
vor? Tiefgreifende und wichtige Fragen, nach Jahren der Erfahrung, in
denen die Organisation mit ihren Strukturen weitestgehend vorgegeben war. Die Beschäftigung mit solchen Fragen ist Visionsarbeit und
Teamentwicklung gleichermaßen.

Fragestellung

Die Anforderungen an das Design waren:
- leicht durchführbar auch ohne externe Moderation,
- unterschiedliche Reflexionsniveaus integrierend (zwei Psychologen
  und ein Ingenieur),
- schnell und kraftvoll,
- flexibel und offen,
- kulturbildend.

Den Zauber, der allem Anfang innewohnt, wollten wir bewusst ein-
laden. Deshalb suchten wir nach einer Methode, die uns inhaltlich ans
Ziel bringt und gleichzeitig durch die Art und Weise, wie wir dies tun,
kulturbildend wirkt. Das Arbeiten mit seelischen Leitbildern schien
diese Anforderungen gut zu erfüllen. Es folgt eine kurze Erläuterung
des Konzepts der *sinnstiftenden Hintergrundbilder*.

Das Konzept der seelischen Leitbilder

»In komplexen Situationen erfolgen Beziehungsgestaltung und Ab-
stimmungsprozesse so vielschichtig, dass sie sich einer ausschließlich
bewussten Steuerung ohnehin entziehen. Hier sind aufeinander abge-
stimmte intuitive Steuerungen gefragt. Die Arbeit mit inneren Bildern
fördert die innere Kommunikation und versammelt die inneren Kräfte

des Einzelnen. […] Durch die Aktivierung innerer Bilder und die metaphorische Kommunikation werden die im Hintergrund der Prozesse wirksamen Intuitionen zum Bestandteil der professionellen Kommunikationskultur im Unternehmen. Als kulturbildende Maßnahme hilft die Arbeit mit inneren Bildern beim konstruktiven Zusammenspiel von bewusst-methodischer und unbewusst-intuitiver Kommunikation in der Organisation auch jenseits der aktuellen Passungsfrage« (Schmid, 2006).

Im Hintergrund professioneller Arbeit und beruflicher Identität wirken seelische Bilder. Sie bestimmen mit, welche Rollen und beruflichen Szenarien wir aufsuchen, mitgestalten und als schicksalhaft oder sinnvoll empfinden. Um zu verstehen, zu welchen Rollen wir neigen beziehungsweise auf welche Bühnen und in welche Aufführungen es uns zieht, ist es gut, den eigenen Vorrat an seelischen Bildern zu erkunden (Schmid, 2005).

Die gemeinschaftliche Gründung eines Unternehmens mit all seinen vielfältigen Gestaltungsmöglichkeiten ist eine solche komplexe Situation. Wann, wenn nicht jetzt, ist der richtige Zeitpunkt, sich nicht nur über die eigenen bestimmenden Bilder auszutauschen, sondern auch die (Ab-)Bilder verschiedener Organisationen anzuschauen? Denn jetzt kann nicht nur das Stück, sondern auch die Bühne, wenn nicht das ganze Theater neu konzipiert und gebaut werden (mehr zur Theatermetapher siehe Schmid und Wengel, 2000)

> *Die menschenleere Eingangshalle eines großen Bürogebäudes. An den Wänden hängen die großen bunten Plakate der internen Kommunikation. Die warmen Farben verströmen ihre manipulativen Emotionen und schwarz-weiße Menschen in Arbeitssituationen lachen einander an. Die Wände, der Aufzug, alle Schilder und Plakate sind aufeinander abgestimmt und harmonieren in seelenloser Vertrautheit. Kein Mensch ist zu sehen.*

Das Design/Die Methode

Zur Hinführung an das Arbeiten mit seelischen Bildern erzählen wir uns gegenseitig unseren ersten Berufswunsch und die dazugehörigen Bilder, die uns einfallen. Danach generiert jeder sechs Bilder. Drei davon beziehen sich auf den Einzelnen als Individuum im beruflichen Kontext, drei auf die Organisation. Die zeitliche Dimension schließt gestern, heute und morgen ein (s. Abb. 1). Dabei entspricht das Bild der Organisation von »morgen« unmittelbar dem Unternehmen, das just gegründet wird.

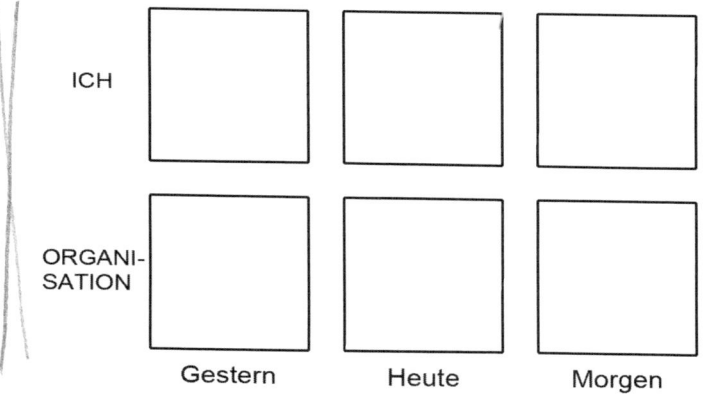

Abbildung 1: Visualisierung – Individuum und Organisation

Der Dialog bzw. Austausch über die Bilder geschieht ohne Bewertung und mit dem Ziel eines besseren Verständnisses für den anderen. Die Diskussion folgender Fragen ist geplant, wenn wir die drei Zukunftsbilder zu den Organisationen gedanklich nebeneinanderlegen:

- Was macht unser erfolgreiches Drei-Mann-Unternehmen aus?
- Welche meiner Ziele möchte ich mit dem neuen Unternehmen erreichen?
- Welche Wünsche werden bereits abgedeckt?
- Wo brauche ich noch Ergänzung?
- Was muss das Unternehmen mir bieten?
- Brauchen wir noch etwas Verbindendes?

Die Methodik beruht auf einem Design zur Passung von Mensch und Organisationen (Schmid, 2006) und ist von uns auf die spezifischen Bedürfnisse der Unternehmensgründung abgestimmt.

> *Grüne Berggipfel im Hochgebirge, satte Almwiesen und karge Geröllfelder im Hintergrund. Die Sonne scheint und es ziehen große Schönwetterwolken vorbei. Auf einem Wanderweg marschieren drei Männer mit Rucksäcken. Obwohl der Weg schmal ist, laufen sie nebeneinander her und unterhalten sich ausgelassen. Die Anstrengungen der Wanderung treten hinter dem fröhlichen Gespräch zurück. Klar ist aber auch: Sollten die Beine schwer und müde werden, so gibt es keine Alternative, als sich mit Willenskraft zur nächsten Hütte zu schleppen. Kein Taxi, keine U-Bahn kann diesen Weg abkürzen.*

Durchführung des Designs

Mit den Bildern zum ersten Berufswunsch fingen wir an. Die Gespräche hierzu waren heiter und leicht. Die Art und Weise, wie über die Bilder gesprochen wurde, schuf eine Atmosphäre des Wohlwollens und des Annehmens. Nach anfänglicher Skepsis des Ingenieurs gönnte sich jeder einige Momente der Stille, um die sechs Bilder kommen zu lassen. Der Ingenieur legte eine Rauchpause ein und kam nach kurzer Zeit hocherfreut mit seinen Bildern wieder – erstaunt, wie schnell und leicht ihm die Erledigung dieser Aufgabe gelungen war. Auch die beiden anderen gelangten kurz darauf zu einem Ergebnis.

Es folgte die Beschreibung der Bilder. Jeder schilderte seine sechs Bilder. (Auszüge dieser Beschreibungen finden Sie in Kästen über diesen Beitrag verteilt.)

> *Die Titanic sinkt. Ein Mann sitzt im Rettungsboot. Erleichtert. In der Ferne sieht er Inseln, auf denen unter Palmen ansprechende Kneipen zu finden sind.*

Ergebnisse

Die Bilder der Vergangenheit hatten einen überwiegend düsteren, einengenden Charakter und beschrieben die Hilflosigkeit des Individuums in einer übergroßen Organisation. Gefängnis, Irrgarten, anonyme Menschenmassen, kühle Hochhausfronten oder menschenleere Eingangshallen. Keines der Bilder lud zum Verweilen ein. Es war uns allen klar, warum wir weg wollten. Eine weitergehende Erörterung der individuellen Motivationen erübrigte sich.

Die Bilder der Gegenwart spiegelten die unterschiedlichen aktuellen Lebenssituationen wider. Unsere Austrittsdaten lagen bis zu zwei Monaten auseinander, und das Treffen fand genau in diesem Zeitraum statt. Eine Hängematte, Erwachen nach einem Alptraum, rebellische Flieger auf Tatooine und Rettungsboote beim Sinken der Titanic waren Szenen der gegenwartsbezogenen Bilder. Die Bilder wichen so stark voneinander ab wie die jeweiligen Empfindungen. Eindeutig spiegelten sie wider, ob das konkrete Austrittsdatum kurz bevor stand oder bereits überwunden war. Wie unterschiedlich wir mit dieser Übergangssituation umgingen, wurde über das Medium der Visualisierung sehr deutlich.

Die Bilder waren alle überaus kraftvoll, emotional anregend und stimmig. Nachdem jeder seine Bilder beschrieben hatte, stellte sich ein allgemeines Gefühl des Erkannt- und Verstandenwerdens ein. Die Beschreibung der eigenen Bilder war ein Akt der Selbstoffenbarung und dementsprechend natürlich mit Unsicherheit behaftet. Andererseits schienen die Bilder so sehr ein Teil eines Selbst zu sein, dass ein Erzählen und Mitteilen selbstverständlich war.

Die Bilder verdeutlichten die individuellen Erwartungen an die Organisation und an ihre Mitglieder. So stand eine Fallschirmspringerformation für Teamarbeit. Ein heller Wintergarten mit Pflanzen, Flipchart und ansprechender Wohlfühlatmosphäre unterstrich die Bedeutung des Firmensitzes und seiner »Behausung«. Eine Insel mit Strandbar verdeutlichte sowohl die Erwartung an Spaß, Gemeinsamkeit und Sorglosigkeit als auch die Herausforderung der Kommunikation zwischen verschiedenen Firmenstandorten.

Nach dieser beflügelnden Erfahrung, wurde der 2. Teil des Designs kurzerhand (ab)gekürzt. Er schien in diesem Moment keinen wesentlichen Mehrwert zu erbringen. In einem Bild gesprochen: Der seelische Rückenwind blähte unsere Segel auf und ließ uns unverzüglich in See stechen. Weitere Planungen oder ein Aufhalten mit nebensächlichen Details hätte die Kraft des Windes nur geschmälert.

In der nachträglichen Reflexion zeigt sich, wie wichtig es ist, sich während des Prozesses von der ursprünglichen Planung zu verabschieden und offen zu sein für das, was in dem Moment da ist und ansteht. Das Beispiel soll Mut machen für den kreativen und flexiblen Umgang mit der Methode.

> *Vor strahlend blauem Himmel fliegen etwa 15 bis 20 Männer in einer Formation der Erde entgegen. Die grellbunten Fallschirmspringeranzüge flattern, und jeder hält mit einer Hand den Arm oder ein Bein seines Nebenmannes. Die Atmosphäre ist hochkonzentriert und gespannt. Jeder weiß genau, was er zu tun hat, damit das große Ganze funktioniert.*

Nutzen

Über die Beschreibung der seelischen Bilder sind wir schnell an wesentliche Themen der Einzelnen gelangt. Ohne schlagwortartige Banalitäten oder lange Monologe konnte sinnvoll, bewegt und ernsthaft gesprochen werden. Dabei kamen innere Motive, Beweggründe, Sichtweisen und Bewertungen zum Ausdruck. Die inhaltliche Tiefe und der große Bedeutungsgehalt der Bilder und ihrer Beschreibung wurden als großer Gewinn für den Workshop gewertet. In dem Gefühl, verstanden zu werden und die anderen zu (er-)kennen, so wie sie in dem Moment sind, entstand eine große Nähe – erzeugt ganz ohne »Psychospielchen« oder Vertrauensübungen.

Strategische Überlegungen, konkrete Aufgabenverteilungen und nötige Absprachen wurden dadurch natürlich nicht ersetzt. Diese Fragen kamen auf den Tisch, wurden diskutiert und entschieden. Aber das gemeinsame Erlebnis eines intuitiven Verständnisses kürzt viele Diskussionen ab oder macht sie sogar überflüssig.

»Was hat es euch gebracht?«, fragte ich einige Monate später. »Ein

Bild vom Anderen im So-Sein, wie er ist«, drückte es ein Teilnehmer aus. Bezogen auf das Dialogmodell von Bernd Schmid ist dies ein Ausdruck für den Dialog der Seelen auf einer intuitiven Ebene. Bei Menschen, die sich seit Jahren kennen, über einen langen Zeitraum intensiv miteinander zusammengearbeitet haben und abseits von der Arbeit miteinander befreundet sind, bringt dieser neue Dialog über Bilder eine neue Qualität und einen echten Mehrwert, der anders nur schwer (wenn überhaupt) zu erreichen gewesen wäre.

Ein anderer sagte: »Es war damals ein guter Einstieg für uns alle in dieses doch sehr komplexe Vorhaben.« Hier zeigt sich die ganze Ökonomie des Verfahrens, weil es ressourcen- und zeitschonend ohne lange Analysen oder komplizierte Modelle einer komplexen Materie gerecht werden kann.

Das *eine* Bild für unser zukünftiges Unternehmen ist als Ergebnis nicht entstanden. Auch eine gründliche (und womöglich kritische) Auseinandersetzung mit den Verheißungen und Erwartungen an unser neues Unternehmen blieb zu jenem Zeitpunkt aus. Dafür war der gemeinsame seelische Rückenwind so stark, dass wir inhaltlich mit unserem Vorhaben mühelos vorankamen. Weitere Nabelschau bzw. Beschäftigung mit den Segeln und dem Boot als solchem schien nicht angebracht. Das Boot wollte einfach bewegt werden, was auch mit Leichtigkeit und Freude geschah – bei gefüllten Segeln.

Quellen und Literaturhinweise

Schmid, B. (2005). Sinnstiftende Hintergrundbilder und die Theatermetapher im Coaching. Vortrag anlässlich des Symposions des Milton-Erickson-Instituts Heidelberg »Die Kraft innerer Bilder und Visionen« vom 30. 9.–1. 10. 2005.

Schmid, B. (2006). Passungsdialog anhand innerer Bilder. In A. Rohm (Hrsg.), Change-Tools. erfahrene Prozessberater präsentieren wirksame Workshop-Interventionen aus ihrer Praxis Managerseminare Verlag.

Schmid, B.; Wengel, K. (2000): Die Theatermetapher: Perspektiven für Coaching, Personal- und Organisationsentwicklung. profile – Zeitschrift für Veränderung, Lernen, Dialog, 01/01, Kap. 3.2.

Systemagazin – Online-Journal für systemische Entwicklungen. Herausgegeben von Tom Levold. Bibliothek.

Der Autor

 Jaakko Johannsen (Jg. 1969) ist seit 2007 selbständig als Unternehmensberater, Führungskräfteentwickler und Coach tätig und ist Mit-Unternehmer des Dienstleistungsunternehmens »system worx Part G«. Er verfügt über langjährige Erfahrungen im Aufsetzen und Steuern von Communities of Practice (Kompetenznetzwerke). Er hat einen Abschluss in systemischer Beratung und Therapie vom Münchner Familien-Kolleg und ist Master am Institut für Systemische Beratung in Wiesloch.

Wesentliche Arbeitsschwerpunkte liegen in der Führungskräfteentwicklung, Organisationsentwicklung und in der Begleitung von Menschen in Veränderungsprozessen.

E-Mail-Kontakt: jaakko.johannsen@systemworx.de

Dagmar Wötzel

Das kleine Geheimnis

Die besten Geschichten schreibt das Leben

Ein großes deutsches Unternehmen mit vielen Niederlassungen in der Welt hat ein Problem: Die Ergebnisqualität der Kundenprojekte ist nicht zufriedenstellend und die Aussagen über die zukünftige Ergebnisqualität sind nicht akkurat. Gemessen wird dieser Zustand am Unterschied zwischen dem geplanten Ergebnis bei Vertragsabschluss und dem tatsächlichen Ergebnis bei Abschluss des Projekts.

Eine strategische Entscheidung wird getroffen: Die Ergebnisqualität muss insgesamt verbessert werden und in jedem Kundenprojekt wird das bei Vertragsabschluss kalkulierte Ergebnis erreicht oder übertroffen!

Um dies umzusetzen, wird eine Initiative mit Vertretern der wesentlichen Organisationen mit Kundenprojekten gegründet. Gemeinsam sollen Standards erarbeiten werden, die dann von allen Organisationen mit Kunden-Projektgeschäft umgesetzt werden. Diese umfassen Prozesse und Methoden für die Projektplanung und -umsetzung, aber auch ein Karrieremodell und Methoden, um den Implementierungsfortschritt zu messen.

Eine Geschichte wird erzählt

Im Folgenden wird anhand eines prägnanten und erfolgreichen Beispiels ein Ausschnitt der Vorgehensweise bei der Organisationsentwicklung erzählt. An den passenden Stellen wird ein Exkurs zur »Wiesloch-Methode« gemacht, die entweder an dieser Stelle gewirkt hat oder deren Anwendung einen wichtigen Unterschied machen kann.

Das zugrunde liegende reale Beispiel ist aus Gründen der Didaktik und Vertraulichkeit verändert worden.

Einführung eines weltweiten Standards in Indien

Die erzählte Geschichte spielt vornehmlich in Indien. Die dortige Niederlassung existiert seit über 50 Jahren, die wesentlichen Produkte und Dienstleistungen des Unternehmens werden angeboten und alle Bereiche sind lokal mit einer eigenen Organisation vertreten.

Warum ausgerechnet Indien? Weil es die allgemeine Meinung scheint, dass Inder ganz anders arbeiten und »ticken« als viele andere Völker. Wenn also dort etwas funktioniert, das wir in Europa erfunden haben, müsste es ja auch überall sonst wirken. Und weil das reale Beispiel auch in Indien stattgefunden hat.

Die Erzählung

»Da brauchst du gar nicht hinfahren, die lächeln dich an, tun so, als ob sie zuhören, und dann werfen sie dich nach ein paar Tagen raus und sagen ›Danke, aber das können und tun wir alles schon‹.«

»Wow«, denkt sich Anna. Sie arbeitet als Beraterin für die Projektmanagement-Initiative und hat den Auftrag, die Zusammenarbeit mit den regionalen Organisationen zu intensivieren. Bisher hatten die Vertreter der großen Bereiche aus ihren Erfahrungen Standards erarbeitet. Je nachdem welches Geschäft in einer Region stark vertreten war, hat der entsprechende Vertreter die Betreuung der Region übernommen. Jetzt sollten diese Vertreter von einem kleinen Kernteam unterstützt werden, die vor allem auch die Betreuung der Regionen übernehmen.

Anna war gerade dabei, die vielen Regionen zu untersuchen, um die auszuwählen, die sie als erste kontaktieren wollte. Die wenig ermutigende Beschreibung kam von mehreren der bisherigen Betreuer. »Das wirkt wie eine Drehtür, die am Ausgang blockiert ist. Da kannst du nur weitergehen und dann bist du wieder da, wo du angefangen hast«, denkt sich Anna.

Der erste Kontakt: den Boden lockern

Wenig später sitzt Anna frustriert an ihrem Schreibtisch. Es scheint sich kein Termin mit dem indischen Ansprechpartner finden zu lassen. »Ich kann doch nicht wegen einem einstündigen Meeting extra nach Indien fliegen!«, denkt sie sich. Aber in Verbindung mit den anderen Terminen in der Region kommt kein Termin zustande. Da blinkt eine neue Mail: »Nein, leider bin ich in der Woche in Kuala Lumpur und halte ein Projektmanagement-Training ab für die dortigen Kollegen«, schreibt Rajesh. »Ha, jetzt hab' ich dich!«, denkt Anna und schreibt zurück: »Oh, das ist gar kein Problem, ich kann entweder Mittwoch- oder Donnerstagabend aus Singapur rüberfliegen und eine Nacht in Kuala Lumpur in Ihrem Hotel bleiben. Dann können wir uns nach dem Training abends treffen und gemeinsam Abend essen. Einverstanden?« Ohne wirklich unhöflich zu sein, konnte Rajesh sich jetzt nicht mehr rauswinden und der Termin wird vereinbart.

Im Hotel angekommen bekommt Anna eine SMS: »Bin aus dem Training zurück und gehe jetzt noch auf das Laufband.« Anna zieht sich ihre Laufsachen an und geht in den Gymnastikraum. »Rajesh? Sind Sie das? Ich wollte auch gern ein bisschen laufen, wenn Sie das nicht stört ...« Rajesh ist ein bisschen verwundert, aber stimmt zu. Anna fragt nach Indien und seinem Job, wie man dort so lebt, und erfährt ein bisschen über Rajesh. Der Hauptteil ist aber tatsächlich: »Wir machen alles im Projektmanagement und das auch gut. Das haben wir bewiesen und unsere Projekte sind alle positiv. Wir machen kein Projekt, das Geld verliert!«

Nach dem Laufband sitzen Anna und Rajesh noch verschwitzt bei einem Tee draußen am Pool. »Nach dem stickigen Fitnessraum auch nicht besser bei dem Klima hier in Malaysia«, denkt sich Anna, behält das aber lieber für sich. Das Gespräch fährt sich langsam fest. Bei jedem Thema, zu dem Anna fragt, ob Rajesh es kennt, bekommt sie die immer kürzer werdende Fassung von »Machen wir alles schon und gut« zu hören.

»Hm, was mache ich hier eigentlich? Das ist immer das gleiche Muster, so kommen wir nicht weiter«, denkt sich Anna und fragt dann: »Sag mal, Rajesh, wenn ihr alles so gut macht, kannst du mir vielleicht erklären wie ihr es macht, damit wir das als gutes Beispiel an alle anderen weitergeben können?«

»Das kleine Geheimnis« – die innere Haltung mit Respekt und Interesse → Wieslocher Modell: »Kulturbegegnungsmodell der Kommunikation«

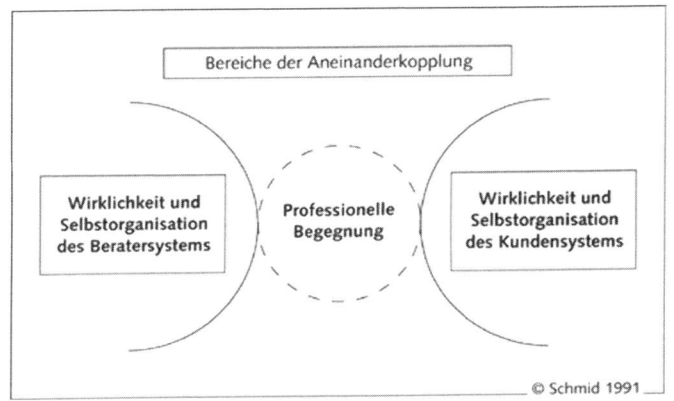

Abbildung 1: Kulturbegegnungsmodell der Kommunikation

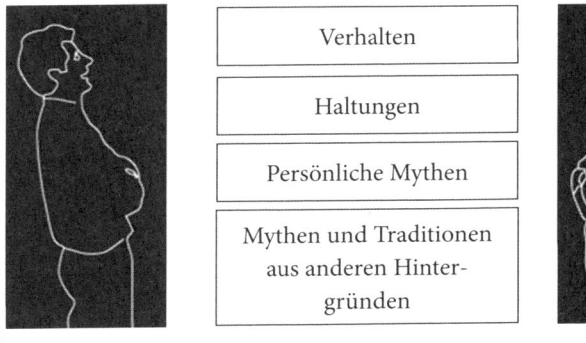
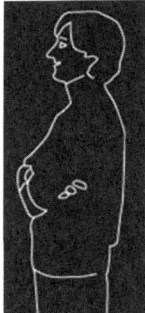

(in: Schmid, B. (2006) Tuning into background levels of communication
-Communication models at ISB. www.isb-w.de)

Abbildung 2: Hintergründe und Ebenen der Kommunikation

In diesem Fall hatten Anna und Rajesh zu Beginn keinen Weg gefunden, aneinander anzukoppeln. Geprägt war das durch die Annahmen, die sie jeweils über den anderen hatten. Mit einem Perspektivenwechsel – weg vom Gegenseitig-Überzeugen zum Voneinander-Lernen ist es gelungen, die Basis für eine professionelle Begegnung zu schaffen.

Rajesh ist erstaunt und erst zögerlich, das wirklich zu glauben. Und dann taut er richtig auf und nachdem sich beide nach einer kühlen Dusche erfrischt wieder treffen, wird das Abendessen sehr unterhaltsam und der Kontakt immer offener.

In Indien: den Boden befeuchten

»Oh, das ist überwältigend«, staunt Anna in der Lobby des exklusiven Hotels, in das ihre indischen Kollegen sie einquartiert haben. »Sieht aus wie der Palast eines Maharadscha, und alle Angestellte tragen traditionelle Kleidung. Sari heißt das wohl bei den Frauen. Sehr elegant.« Anna ist knapp ein halbes Jahr nach dem ersten Treffen in Kuala Lumpur das erste Mal zu einem Treffen mit den Kollegen in Mumbai eingetroffen. Am nächsten Morgen weicht die erste Begeisterung einer großen Ernüchterung – auf dem Weg vom Hotel zum Büro ist Anna entsetzt über die große Armut und das Elend am Rand der Straße. Die Fahrt wirkt viel länger als die 30 Minuten, die sie tatsächlich gedauert hat. »So etwas habe ich noch nie erlebt. Wie muss es sein, hier aufzuwachsen und zu leben? Wie wohl die Kollegen als Kinder gelebt haben?«

Im Büro angekommen, begrüßt Rajesh Anna sehr freundlich und stellt sie gleich seinem Chef vor – Ajit. Er ist für einen Geschäftsbereich verantwortlich und hat im Auftrag der Geschäftsleitung das Thema Projektmanagement übernommen, da seine Einheit am meisten Erfahrung damit hat.

Er ist freundlich, aber ein bisschen reserviert. Anna denkt, »oh weh, schon wieder – können wir schon, machen wir schon …«. Aber Ajit überrascht sie mit der Feststellung: »Gut, dass du da bist. Wir haben eine Präsentation vorbereitet, wie wir arbeiten, und möchten auch mehr über eure Vorgehensweise erfahren.«

Während des intensiven Meetings, das daraufhin folgt, steht ein Thema immer wieder im Vordergrund: Warum? Warum so und nicht anders? Wieso passt diese Vorgehensweise hier? Was tun oder glauben die Kunden? Oft ist die Methode eine Reaktion auf deren Erwartungshaltung. Ein ganz wichtiger Punkt ist die Ausbildung und vor allem die Bindung der Mitarbeiter. Ajit erzählt: »In Indien gibt es viele Menschen, wir haben unsere Bevölkerung seit der Unabhängigkeit von den Briten mehr als verdoppelt. Die wenigsten bleiben lange bei einer Firma. Sobald sie etwas gelernt oder ein Zertifikat erworben haben, suchen sie bei einer anderen Firma einen neuen Job mit mehr Gehalt.« Anna antwortet: »Das ist wie in China. Dort haben die Kollegen auch von dem Problem berichtet. Trotz der vielen Menschen gibt es doch noch nicht so viele mit der passenden Ausbildung und vor allem Erfahrung. Daher sind auch die Kollegen dort sehr zögerlich mit der Projektleiterausbildung und vor allem mit Zertifizierungen. Dagegen brauchen wir das in anderen Ländern, weil die Mitarbeiter nicht wegen einem höheren Gehalt, aber wegen einer sichtbareren Anerkennung gehen. Das sind natürlich ganz andere Voraussetzung für die Entwicklung und Einführung von Standards.«

Der Austausch ist spannend, und die Abschlussrunde spiegelt den Kern wider. Ajit bringt es auf den Punkt: »Am interessantesten war zu erfahren, welche anderen Geschäftssituationen es gibt und wie sehr diese die Entwicklung der Vorgehensweise prägen. Ich habe Projektmanagement bisher immer nur im indischen Markt mit indischen Kunden und Mitarbeitern gesehen. Vielleicht haben wir einfach nur deswegen aneinander vorbeigeredet und gegenseitig gar nicht verstanden, wie nahe wir eigentlich mit unseren Methoden beieinander liegen.«

Ein gemeinsames Essen mit vielen Erzählungen und Anekdoten über die indische Kultur und Geschichte rundet den Besuch ab und wird nur noch übertrumpft, als Rajeshs Frau Anna hilft, einen landestypischen Sari zu kaufen.

»Das kleine Geheimnis« – Anhand der Sache eine gemeinsame Kultur entwickeln → Wieslocher Modell: Perspektiven-Ereignis-Modell

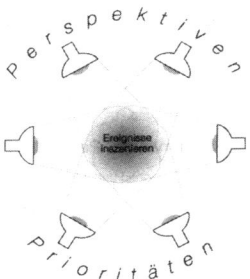

Abbildung 3: Perspektiven-Ereignis-Modell

→ Wieslocher Modell: Kulturentwicklung

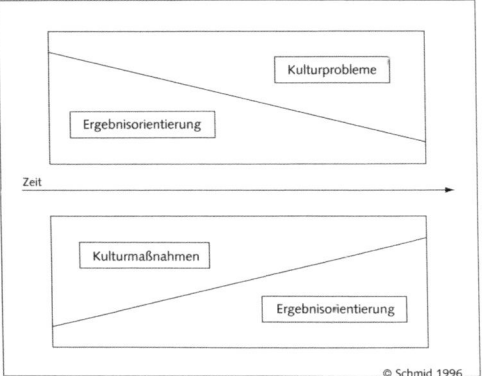

Schema zum Verhältnis von Ergebnis- und Kulturorientierung
in Organisationen

Abbildung 4: Modell Kulturentwicklung

Die unterschiedlichen Annahmen und Perspektiven, geprägt durch die Erfahrungen in den unterschiedlichen Kulturen, waren Anna, Ajit und Rajesh im Weg. Sie mussten erst eine gemeinsame Basis und Sprache finden, um die unterschiedlichen Lösungen jeweils im Kontext betrachten zu können. Im Hintergrund hat Anna dabei das Perspektiven-Ereignis-Modell genutzt, um diese unterschiedlichen Annahmen aufzudecken. Über diese Arbeit an der Sache haben sie an ihrer eigenen Kultur im Umgang miteinander gearbeitet und damit die Grundlage für die spätere Ergebnisorientierung geschaffen.

Zurück in Indien: den Samen säen und den Boden kräftig gießen

»Wir benehmen uns ja fast wie ein altes Ehepaar«, beschwert sich Klaus nach dem abendlichen Drink an der Bar und dem Versuch, einen einigermaßen ähnlichen morgendlichen Ablauf zwecks Organisation eines gemeinsamen Frühstücks zu vereinbaren. Anna schmunzelt, immerhin ist das die erste gemeinsame Reise der beiden. Klaus ist für zwei Jahre zum Kernteam delegiert. Bisher hat er Großprojekte gemanagt und sich auch mal unter eine Anlage gelegt und selbst Hand angelegt, wenn es nötig war.

Die beiden sitzen in Indien im Hotel nach dem langen Flug und besprechen noch einmal die nächsten Tage.

Am nächsten Morgen treffen Anna und Klaus dann Rajesh und Ajit. Sie bereiten gemeinsam zwei wichtige Treffen vor: einmal strategisch mit dem Geschäftsführer, Herrn Schmidt, und seinem indischen Partner, Pradeep Verma, der in der Geschäftsführung für Projektmanagement verantwortlich ist und der Vorgesetzte von Ajit ist. Anna und Klaus planen auch das erste Meeting mit den genannten Ansprechpartnern der meisten Geschäftsbereiche für die Einführung der Standards.

Das Treffen mit der Geschäftsleitung läuft knapp und sehr ernst ab. Anna und Klaus stellen die Erwartungshaltung des oberen Managements und die Ziele und Themen ihres Programms vor. Ein wesentliches Ziel ist es, für Rajesh statt der 50 % seiner Zeit einen klaren Auftrag und Fokus auf dieses Thema mit entsprechender Autorisierung und auch Budget zum Beispiel für Reisen zu erreichen. Das kann Ajit nicht einfach festlegen, weil er sonst seine Pläne und Budgets nicht einhalten kann. Das Ergebnis ist ein ganz anderes: Klaus und Anna erleben nach ihrem Empfinden einen kleinen Machtkampf zwischen dem Leiter, der aus Deutschland kommt, und seinem indischen Partner. »Na, das hat ja nicht so viel genutzt. Rajesh hat immer noch fünf Hüte und kann andere Ansprechpartner in diesem großen Land kaum persönlich treffen. Wie soll das bloß klappen?«, denkt Anna.

Das Treffen mit den Vertretern der unterschiedlichen Bereiche eröffnet der HR-Leiter aus der Geschäftsführung: »Wir hatten gerade unsere 50-Jahr-Feier in diesem Land. Und eines glauben uns unsere Kunden: Wir führen es zu Ende! Wenn wir einen Vertrag mit ihnen abschließen, dann können sie darauf vertrauen, dass wir uns auch daran halten! Und ihr als unsere Mitarbeiter sorgt dafür, dass sich unsere Kunden auch weiterhin auf uns verlassen können.«

»Wow, das ist mal ein begeisterter Manager. Die Mitarbeiter sehen auch sehr beeindruckt aus. Guter Start«, denkt sich Anna.

Der weitere Verlauf war für Anna eher enttäuschend. Die Vorträge wurden selten durch Fragen unterbrochen. Auf Nachfragen kommt immer wieder der Hinweis, dass das Thema beim Management ja gar nicht wichtig ist und sie immer wieder Schwierigkeiten in der Umsetzung haben, weil das Management nicht dahinter steht. Und zwischen den Zeilen: dass viele der Manager selbst keine eigene Projekterfahrung haben und vieles gar nicht beurteilen können. »Wo bleibt denn hier das ›machen wir alles schon, können wir alles schon‹? Aber aufmerksam zuhören tun sie. Rajesh sagte ja, dass das alles Bereiche sind, die bisher noch wenig Projekte gemacht haben«, wundert sich Anna. Besonders intensiv interessierten sich die Mitarbeiter für die Erwartungshaltungen aus Deutschland und auch aus ihrem Management. Da Rajesh zu einem weltweiten Treffen eingeladen ist, wird gemeinsam beraten, welchen Status er berichten soll und welche guten Beispiele er mitnehmen und dort vorstellen kann. »Das könnte man auch umschreiben mit ›Was müssen wir tun, damit wir unsere Ruhe haben und hier weiter gut arbeiten können?‹ Aber immerhin haben drei Bereiche schon mal ihre Kennzahlen und die Anzahl der Projektmanager zusammen«, denkt Anna und überlegt, wie sie daraus zu Hause berichten kann, dass es in Indien vorwärts geht. Immerhin ist sie zum dritten Mal da. Na ja, »was muss ich tun, um meine Ruhe zu haben und hier weiter arbeiten zu können«, halt …

Strategisches Ziel wird definiert: Die Sonne scheint

Was inzwischen geschah: Rajesh wird versetzt und erhält Führungsverantwortung. Er ist zwar immer noch zu 50 % in seiner Rolle für das Projektmanagement, aber aus einer stärkeren Position heraus. In der Rolle wurde er offiziell bestätigt; der Geschäftsführer hat zweimal gewechselt und es soll einen neuen Verantwortlichen in der Geschäftsführung für das Thema Projektmanagement geben. Dieser benennt einen neuen Verantwortlichen, der sich in Vollzeit um das Thema kümmern soll.

Anna sitzt im Taxi auf dem Weg zum Büro in Indien und ist sehr gespannt auf diese Woche in Indien. »Das ist gründlich vorbereitet und wunder-voll arrangiert – hoffentlich geht unser Plan auch auf! Und auf Sriram bin ich auch ganz gespannt. Hoffentlich kommen wir so gut zurecht wie Rajesh und ich. Oh Mann, ist das spannend!«

1. Tag: Anna und Rajesh treffen sich mit Sriram zu letzten Vorbereitungen und besprechen, wie die Rollenverteilung im Meeting sein wird, um Sriram einen möglichst guten Start in seiner Rolle zu ermöglichen und ihn zu stärken.

»Das kleine Geheimnis« – die Menschen schlau machen und zuhören
→ Wiesloch: Systemlösungen OE-/PE-Prozesse

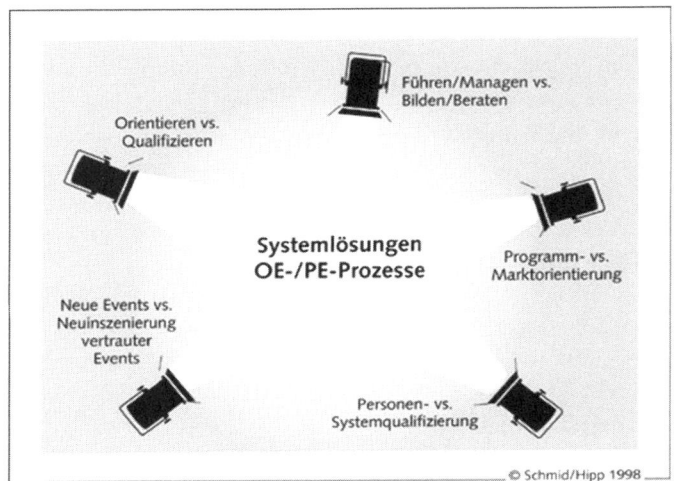

Abbildung 5: Systemlösungen OE-/PE-Prozesse

Anna und Klaus haben bei ihrem Besuch im Wesentlichen die Perspektive »Orientieren vs. Qualifizieren« mit einem Fokus auf die Personen genutzt. Das war der Einstieg mit einem größeren Kreis an Mitarbeitern, von der Führungsebene zu den zukünftigen in der Umsetzung Verantwortlichen, und hat den Boden bereitet für die weiteren Perspektiven. Außerdem haben sie zugehört, den Planungsprozess gemanagt und Informationen und Vorschläge eingebracht, aber die inhaltliche Verantwortung bei den lokalen Ansprechpartnern gelassen.

2. Tag: Alle Manager der Bereiche in Indien, also das komplette Führungsteam, nehmen an einem eintägigen Workshop teil. Der neue Geschäftsführer ist morgens anwesend und stellt klar seine Erwartungshaltung dar und wie wichtig ihm das Thema ist. Er wird sich die Ergebnisse berichten« lassen. Anschließend stellt er Sriram als den neuen Verantwortlichen vor und übergibt die Veranstaltung an ihn. Er

stellt sich und Anna vor, die den Tag moderieren wird. In der Vorstell-
runde stellt ein Manager, Pratap, gleich klar, dass er spätestens nach
zwei Stunden gehen müsse!

Der erste Teil ist ein Lernprogramm, mit dem die Teilnehmer interaktiv ein Projekt mit den typischen Problemen bearbeiten und ihre
Ergebnisse anhand von Messgrößen vergleichen können; gegen Mittag,
nach etwa drei Stunden ruft ein Manager kurz vor der Präsentation der
Teamergebnisse quer durch den Raum: »Pratap, was machst du noch
hier?? Musstest du nicht zu einem gaaaanz wichtigen Kundentermin?«
Alle lachen und Pratap antwortet: »Das ist viel zu spannend hier! Das
habe ich ja vorher nicht gewusst!«

Nachmittags sind alle gemeinsam aufgefordert, zu den Überschriften »Prozesse/Menschen/Transparenz« in vier Teams ihre Ziele zu definieren: Was soll bis wann im Projektmanagement erreicht werden
und woran werden sie als Manager nach einiger Zeit merken, dass die
Ziele erreicht wurden?

3. Tag: Anna und Sriram werten die Ergebnisse aus, suchen Lö-
sungsansätze aus den weltweiten Standards für die definierten Ziele,
gute Beispiele aus Indien und anderen Ländern als Ergänzung und bereiten den vierten Tag vor.

4. Tag: Die in den einzelnen Bereichen für die Umsetzung verantwortlichen Mitarbeiter, deren Kreis größer geworden ist und sich auch
erheblich verändert hat, erleben das gleiche Lernprogramm wie ihre
Manager und haben damit die gleiche Grundlage. Anschließend stellt
Sriram die am 2. Tag vom Management definierten Ziele vor. Daraus
leiten die operativen Ansprechpartner in vier Teams Vorschläge für
Umsetzungsprogramme ab. Die Teams stellen ihre Vorschläge vor und
es wird diskutiert und beschlossen, welche dieser Aktionen für ganz
Indien zentral organisiert werden sollen und welche Aktionen jeder
einzelne Bereich für sich entscheidet und ggf. umsetzt mit Austausch
der Erfahrungen mit den anderen. Für die gemeinsamen Aktivitäten –
im Wesentlichen Themen der Personalentwicklung wie Training und
Einführung des Zertifizierungsmodells – werden klare Rollen, Verantwortungen und Beiträge vereinbart.

In diesem Fall ist es gelungen, gut orchestriert die richtigen Personen zur richtigen Zeit mit einem guten Stück auf die passende Bühne
zu bringen. In der indischen Kultur war es wichtig, dass die Manager

»Das kleine Geheimnis« – die richtigen Menschen mit der richtigen Rolle in einem passenden Rahmen zusammen bringen → Wiesloch: Theatermetapher – Verantwortungssystem

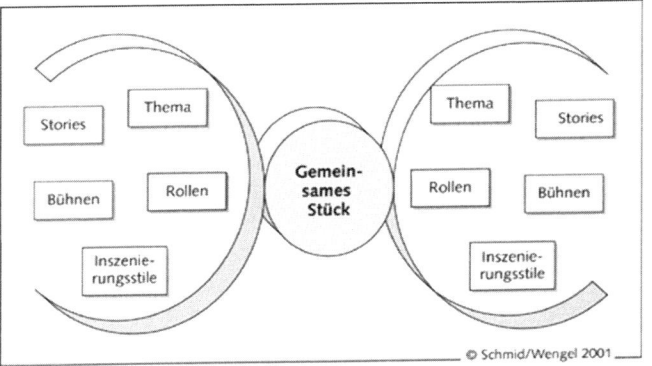

Integration von Inszenierungen mithilfe der Theatermetapher

Abbildung 6: Theatermetapher

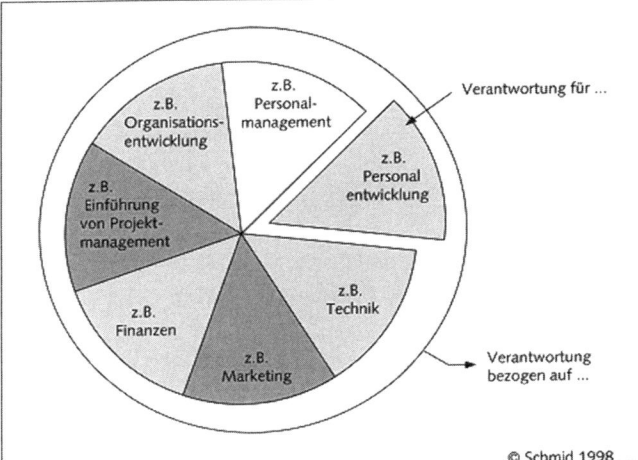

Schema zur komplementären Verantwortung in Organisationen

Abbildung 7: Komplementäre Verantwortung in Organisationen.

Die vier Tage waren gut inszeniert – also »in Szene gesetzt« – und die wesentlichen Rollen wurden in einer guten Reihenfolge »gespielt«.

und Mitarbeiter getrennt arbeiteten, Anna und nicht der Inder Sriram das Management moderiert hat und der Geschäftsführer sich klar positioniert hat. Die Theatermetapher ist für die Planung eines solchen Ablaufs sehr hilfreich. Darüber hinaus wurden in dieser Woche die Verantwortungen und Rollen für die weitere Umsetzung sowie ein Implemetierungscontrolling gemeinsam erarbeitet und verabschiedet.

5. Tag: Sriram und Anna schreiben das Protokoll fertig, vereinbaren, wann Anna welche Unterstützung leistet und wie Sriram weiter vorgeht. Beide berichten an den Geschäftsführer die Ergebnisse und erhalten – mit kleineren Änderungen – seine Bestätigung der Ziele und der gemeinsam für Indien umzusetzenden Themen. Als verantwortlicher Coach im Management wird der HR-Leiter ausgesucht, da sein Bereich für die Umsetzung sehr wichtig ist und er schon früher Interesse gezeigt hatte.

Transparenz schaffen: wachsen lassen und ernten

Anna geht Freude strahlend auf Sriram zu. Nach dem ersten Treffen bei seinem »Amtsantritt« in Indien hatten sie nur noch Kontakt per Telefon und Mail gehabt. Er ist mittlerweile Vollzeit eingesetzt und hat auch ein Budget für Reisen und übergreifende Themen wie Training und Zertifizierung. Neben Indien betreut er noch weitere Länder in Südostasien und liefert regelmäßig jedes Quartal die geforderten Fortschrittsberichte ab.

Er ist ein gesuchter Ansprechpartner für seine Kollegen in der Region, die neu in die Rolle einsteigen, und das Vorgehen hat Modellcharakter für andere Länder.

Die Auflösung

Das reale Beispiel und die anderen Ereignisse, die in der fiktiven Geschichte verarbeitet sind, stammen aus PM@Siemens. Ich arbeite seit vier Jahren im Kernteam dieses Programms, das seit über acht Jahren weltweite Projektmanagement-Standards für Siemens erarbeitet und einführt. Es gibt tatsächlich ein weltweites Team von Ansprechpart-

»Das kleine Geheimnis« – mit den Verantwortlichen Ziele, Messgrößen und Autorisierung klären → Wiesloch: Auftragsklärung

Klienten-System/
Umfeld und
jeweilige Rollen

Problemdefinition/
Fokus (selektive
Wirklichkeitsbetrachtung)

Organisation und Komplexitätssteuerung
in der professionellen Begegnung

Professionelles Handeln
(Auswahl von Rollen,
Strategien und Methoden)

© Schmid 1991

*Dimensionen der Komplexitätssteuerung
in der professionellen Begegnung*

Abbildung 8: Komplexitätssteuerung in der professionellen Begegnung

Sriram hat keine Ausbildung in Organisationsentwicklung. Mit dem
Modell der Auftragsklärung als Grundlage seiner weiteren Tätigkeit
konnte er ohne weitere Erklärungen sofort viel anfangen. Die Auftragsklärung wurde durch Anna moderiert, die Inhalte aber in den
einzelnen Tagen schrittweise mit allen Beteiligten geklärt. Die Basis
war damit auch für notwendige Anpassungen im Auftrag und den
Rollen geschaffen – Wieslocher könnten auch sagen: »Die Basis für
eine fruchtbare professionelle Begegnung der Beteiligten in ihren
jeweiligen Rollen ist gelegt«.

nern aus allen Zentralen der Sektoren in Deutschland für über 80 Regionen, die in 20 Clustern organisiert sind.

Indien hat sich in der Zwischenzeit zu einem starken Partner entwickelt und betreibt die Umsetzung im Cluster »South Asia«. Die beschriebenen Vorgehensweisen wirken mit unterschiedlicher Ausprä-
gung auch in allen anderen Regionen und Organisationen.

Der Fokus von PM@Siemens liegt jetzt darauf, die Organisationen in einen kontinuierlichen Verbesserungsprozess zum Thema Projektmanagement zu entwickeln. Das geht nur, wenn die Kultur der Menschen darauf ausgerichtet ist, die Vorgehensweisen und Standards bei Innovationen oder Änderungen im Markt immer wieder zu hinterfragen und zu verbessern. Das ist die Kür – denn langfristige Organisationsentwicklung ist ein Kulturprogramm und braucht vor allem eins: Disziplin und Interesse aller Beteiligten. Vom Topmanagement bis zum Mitarbeiter im Projekt.

Ein kleiner Helfer

In diesem Prozess war »ein kleines Geheimnis« das interaktive Lernprogramm, mit dem sowohl das Management als auch die für die Umsetzung verantwortlichen Mitarbeiter sich eine gemeinsame Basis und Sprache erarbeiten konnten – ein solches Lernprogramm beinhaltet die wesentlichen Elemente und eine Mechanik, die die Teilnehmer durch den Prozess führt. Es wird spannend gestaltet, meist durch eine kleine Wettbewerbskomponente zwischen den Teams. Das genannte Lernprogramm ist papierbasiert und führt durch einen ganz typischen Projektprozess mit allen Höhen und Tiefen von der Vertragsgestaltung bis zum Projektabschluss. Es dauert etwa vier Stunden, kann von einem Mitarbeiter nach einem kurzen Training moderiert werden (nur Prozesssteuerung, kein Trainer!) und regt die Diskussion über die Inhalte in den Teams von vier bis sechs Mitarbeitern an. Jeder hat die Möglichkeit, seine Perspektiven und Erfahrungen einzubringen. Damit schafft es den Rahmen für den persönlichen Austausch, für ein Voneinander-Lernen und für die Entwicklung einer gemeinsamen Kultur.

Dieses Programm wurde in vier Jahren mit ca. 15.000 Mitarbeitern aus 36 Regionen weltweit durchgeführt. Bisher haben alle Teilnehmer früher oder später mitgemacht. Einmal saß ein Teilnehmer da und weigerte sich, sich zu beteiligen: »Da mache ich nicht mit, das ist kindisch!« Diese Haltung hielt an, bis alle anderen eben ohne ihn loslegten; da er sich für einen Experten in dem Thema hielt, hat er sich eingemischt und war am Ende der fleißigste Teilnehmer …

»Das kleine Geheimnis« – Vertrauen darauf, dass jeder Mitarbeiter etwas Gutes und Sinnvolles beitragen und selbst bzw. mit dem Unternehmen erfolgreich sein möchte. → Wiesloch: Sinnmacht

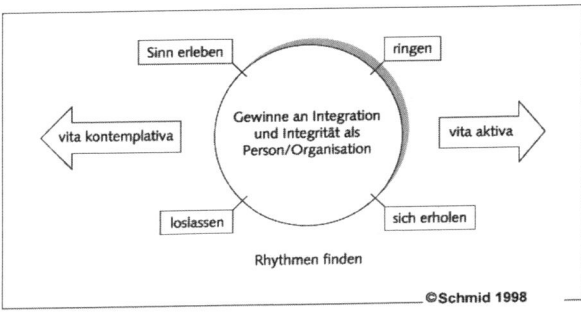

Abbildung 9: Integration und Integrität als Person und Organisation

Lernprogramme beruhen auf der Annahme, dass jeder Mitarbeiter sich beteiligt, wenn er/sie den Sinn einer Maßnahme oder Vorgehensweise erkennt. Sie schaffen einen Rahmen, der den Sinn erleben lässt und eine Plattform zum Austausch über das eigene Erleben ähnlicher Situationen oder Themen in der Praxis bietet.

Fazit

Anna habe ich aufgrund meiner eigenen Erfahrungen erfunden. Zu der Zeit, als ich mich das erste Mal mit meinem indischen Kollegen tatsächlich im Gymnastikraum im Hotel in Kuala Lumpur getroffen habe, war ich gerade in meinem ersten Jahr der Ausbildung zur systemischen Organisations- und Personalentwicklerin am Institut in Wiesloch. Ich konnte auf zehn Jahre Change Management in IT-Projekten zurückblicken und hatte auch schon zwei der beschriebenen Lernprogramme entwickelt und in der Welt eingesetzt.

Die Wieslocher Modelle und Methoden haben meine Art, mit den Situationen und Menschen umzugehen, verändert, vor allem durch meine geänderte Art, mich selbst zu steuern und bewusst mit mir und den anderen umzugehen.

Gelingt mir das immer? Nein, definitiv nicht. Aber ich arbeite daran, dass ich es merke und es mir damit immer öfter gelingt.

Meine wichtigste Erfahrung ist, dass viele kleine gute Ereignisse nötig sind, um einen großen Erfolg zu ermöglichen. So wie auch viele kleine schlechte Ereignisse zusammenkommen müssen, um aus einem großen Rad, das sich dreht, eine Katastrophe zu machen. Die meisten Fälle entwickeln sich irgendwo in der Mitte. Wir können selten die großen Räder bewegen, aber wir haben einen Einfluss darauf, wie wir und die Menschen, die mit uns arbeiten, die kleinen und kleinsten Rädchen drehen. Das ist nicht sexy und damit kann keiner groß angeben. Aber so ein Fall wie Indien mit über zwei Jahren einer kontinuierlichen Entwicklung, der motiviert mich, mich weiter um die kleinen Rädchen genauso intensiv zu kümmern wie um die großen.

Und aus diesem Fall bestätigt sich ein aus meiner Sicht wesentlicher und im Moment häufig kritischer Beitrag zum guten Gelingen: *Gute Organisationsentwicklung und Kulturarbeit braucht Zeit.* Das lässt sich nicht in Quartalen zu finanziell messbarem Erfolg ummünzen. Sie sind aber die Grundlage für nachhaltigen Unternehmenserfolg, auch in schwierigen Märkten und Situationen. Also gerade jetzt.

Dann zeigt sich, ob die Organisation und die Menschen in ihr wirklich belastbar sind. Diese Grundlage nachhaltig zu entwickeln ist für mich eins der wichtigsten Themen der strategischen Unternehmensführung.

Die Autorin

 Dagmar Wötzel (Jg. 1969) arbeitet seit 1998 als Projektleiterin, Management Consultant und Organisationsentwicklerin bei Siemens. Sie ist im Kernteam von PM@Siemens und moderiert die Entwicklung der Projektmanagement-Standards im Siemens-Konzern, betreut die internationale Community und ist Redakteurin der neuen Auflage des »PM Guide« mit allen aktualisierten Standards.

Sie promoviert an der Universität Würzburg zur Organisationsentwicklung im strategischen Management und unterrichtet im Studiengang »Master of Business Administration« (MBA) in Würzburg und Teheran.

Dagmar Wötzel ist Master am Institut für Systemische Beratung in Wiesloch.

Ihre wesentlichen Arbeitsschwerpunkte liegen in der Gestaltung von Veränderungsprozessen in komplexen Organisationen und deren erfolgreiche Umsetzung.

E-Mail-Kontakt: dagmar.woetzel@siemens.com

Maja Härri

Wachstum in Kleinunternehmen

Für wen ist es interessant?

Dieser Beitrag richtet sich an Berater und Personalentwickler, die Unternehmen in Veränderungsprozessen begleiten. Eine weitere Zielgruppe sind Inhaber, Geschäftsleiter und Manager von Kleinunternehmen (bis ca. 15 Mitarbeiter), die weiter wachsen wollen. An einem praktischen Beispiel wird beschrieben, wie ein Wachstumsprozess unterstützt werden kann.

Einleitung

Organisationen durchlaufen ähnliche Entwicklungen wie die Natur. Es ist wichtig, sich über die aktuelle Entwicklungsstufe des eigenen Unternehmens oder der Organisationseinheit klar zu sein. Für kleine Unternehmen mit 5 bis ca. 15 Mitarbeiter, meist vom Gründer geführt, ist der Schritt von 15 auf mehr als 20 Mitarbeiter besonders wichtig. Diese Entwicklungsstufe wird häufig unterschätzt, weil Gründer gewöhnt sind, so weiterzumachen wie bisher – einfach etwas größer. Da diese Wachstumsphasen nicht übersprungen werden können und teilweise ganz neue Kompetenzen und Strategien erfordern, ist es entscheidend, diese aktiv zu gestalten.

Typische Entwicklungsstufen von Organisationen

1. *Anfangsstadium:* Informelle Kommunikation und Organisation, große Freiräume für die Mitarbeiter – Herausforderung: Zunehmende Durchsätze, mehr Mitarbeiter, fehlende administrative Systeme

2. *Funktionale Organisation:* Spezialisierung von Arbeitsplätzen, Hierarchien entstehen – Herausforderungen: Führungsstruktur, Führungskompetenzen

3. *Divisionale Organisationsstruktur:* Trennung von strategischer und operativer Führung – Herausforderung: Steuerung mit Planungs- und Kontrollsystemen, zunehmende Bürokratie, Formalismen ersticken die Individualität

In diesem Beitrag finden Sie ein Beispiel aus der Praxis für einen solchen aktiven Gestaltungsprozess.

Ausgangslage

Das inhabergeführte Unternehmen aus dem medizinischen Dienstleistungsbereich will wachsen – von 12 auf 20 Mitarbeiter innerhalb von drei Jahren.

Die Erweiterungsstrategie sieht den Ausbau von bestehenden Dienstleistungen vor durch

- Vertiefen bisheriger Serviceleistungen,
- Erweitern der Kundenzielgruppen,
- Verdoppeln der Fläche der Praxisräume,
- Übernahme von anderen Praxen.

Anfrage/Auftragsklärung

Die Unternehmensführung erfolgte bisher mit flacher Hierarchie und starker Fokussierung auf den Inhaber. Für ein erfolgreiches Wachstum sieht der Inhaber, dass neue Führungsstrukturen notwendig sind. Auch ist es wichtig, weitere Personen in die unternehmerische Verantwortung einzubinden. Dies wird durch eine finanzielle Beteiligung erfolgen.

Der Inhaber sieht folgende Beratungsaufgaben:
- Überarbeitung des vorhandenen Organigramms im Hinblick auf neue Führungsaufgaben; Bilden einer zweiten Führungsebene und Übertragen resp. Delegieren von Managementaufgaben;
- Coaching aller Führungspersonen zur Vorbereitung auf einen größer werdenden Verantwortungsbereich; Erarbeitung eines fachlichen Entwicklungsplans mit definierten Meilensteinen;
- Führungs- und Reportinginstrumente für die Zusammenarbeit mit der zweiten Führungsebene (Teambesprechungen, Berichtswesen) entwickeln und abstimmen;
- Projektverantwortungen verteilen: Personal, Qualitätsmanagement etc.;
- Erarbeitung der zukünftig wichtigen Führungsaufgaben des Inhabers inkl. Zeitaufteilung für Dienstleistungen, Management und Beratungsleistungen für einen anderen Firmenteil;
- Kommunikationsstrategie zur Erweiterung.

Der Inhaber suchte sich für diese Beratungsleistungen einen Anbieter aus dem Bereich Organisations- und Personalentwicklung. Über eine Empfehlung komme ich als Organisationsentwicklerin und Coach in Kontakt und zum Auftrag.

In einem ersten Gespräch werden die Ausgangslage und die Zielsetzung besprochen. Mögliche Vorgehensweisen werden skizziert und auf Realisierbarkeit geprüft.

Ziele und Herausforderungen

Aus diesem ersten Gespräch ergeben sich folgende Ziele und Herausforderungen:
- Bisher ist die Führungsverantwortung hauptsächlich auf den Inhaber konzentriert. Für das Wachstum ist es notwendig, die Managementaufgaben auf einen erweiterten Kreis von Führungspersonen zu verteilen. Für einen gelungenen Übergang ist es wichtig, diesen Kreis auf die neuen Aufgaben vorzubereiten;
- Bewusstsein für die kommenden Anforderungen schaffen (Führungskreis und Mitarbeiter);

- Führungsfähigkeiten entwickeln und erweitern;
- das gesamte Team für die neuen Herausforderungen motivieren, alle an Board halten und für die neuen Aufgaben qualifizieren;
- die Übergangsphase so gestalten, dass die Umsätze im geforderten Maße zunehmen;
- neue Aufgabenverteilung und Organisationsstrukturen definieren;
- passende neue Mitarbeiter finden.

Hypothesen, Fokus und Beraterrolle

Hypothesen

Was soll ich tun mit diesen vielen Wünschen und Informationen? Meistens begegnen wir in der Beratung diesen komplexen Situationen mit einer Vielzahl von Anforderungen. Nur eine Reduktion der Komplexität ermöglicht eine Überschaubarkeit. Als Metaprogramm dazu dient das Modell des Steuerungsdreiecks, welches am Institut für Systemische Beratung in Wiesloch entwickelt wurde.

Auszug aus »Schlüsselbegriffe am Institut für Systemische Beratung«

Abbildung 1: Modell Steuerungsdreieck

Jede Ecke der Dreiecke wird als unterschiedliche Perspektive an-
geschaut und als Berater treffe ich die Wahl, welche Punkte im Vordergrund stehen sollen.

Nach der Auftragsklärung und den Zielen wende ich mich den Hypothesen zu, um daraus einen passenden Fokus zu bilden. Als erstes
überlege ich mir in aller Ruhe einige Hypothesen: Meine Hypothesen,
eine Mischung aus bewussten Wahrnehmungen und intuitiven Ein-
drücken, sind:

- Noch nicht alle Mitarbeiter haben eine Vorstellung, was die Umset-
  zung der Ziele für sie konkret bedeutet.
- Führungskompetenzen liegen bisher hauptsächlich beim Inhaber.
- Es gibt viel informelle Kommunikation und große Freiräume für die
  Mitarbeiter.
- Bisher gibt es wenig Bewusstsein für die Führungsrollen.
- Der Inhaber weiß genau was er will, spricht klar darüber und ist
  sehr schnell im Umsetzen. Wie gut können die anderen folgen?

Fokusbildung

Basierend auf den vorliegenden Informationen und Hypothesen entscheide ich mich für folgende Fokusse:

- Verschieben der Führungs- und Managementaufgaben vom Inha-
  ber auf ein Führungsteam.
- Interventionen im
  - Gesamtteam,
  - Führungsteam und auf
  - individueller Ebene.

Beraterrolle

Der Kunde appelliert mit seinen Wünschen an unterschiedliche Bera-
terrollen. Klar angesprochen ist die Coachingrolle. Bereits etwas diffu-
ser ist die Rolle der Organisations- und Personalentwicklerin. Zwischen
den Zeilen ist auch die Expertin für Führung und Teamentwicklung
angesprochen. Das Thema Personalsuche ist nicht klar abgegrenzt.

Ich entscheide mich, in diesem Projekt hauptsächlich in den Rollen Organisations-, Personalentwicklung und Coaching unterwegs zu sein. Für die Personalsuche gibt es eine andere Expertin.

Beratungskontrakt

Konzept

Für die Umsetzung dieser Herausforderungen ist es wichtig, sowohl auf der Organsisationsebene sowie auf der individuellen Ebene anzusetzen. Daraus ergibt sich eine Kombination von Workshops mit dem neuen Führungskreis und individuelle Coachings der Mitarbeiter, die neue Managementaufgaben übernehmen.

Konzept 1

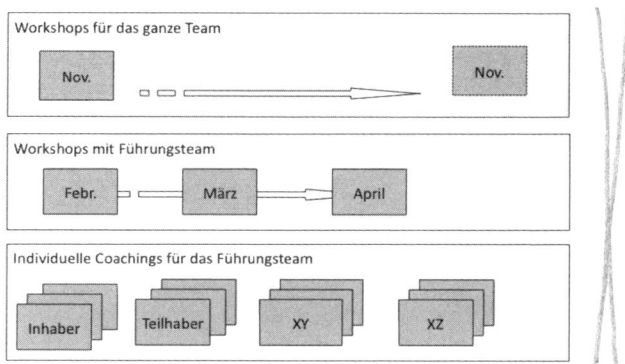

Abbildung 2

Organisationsebene	Aktivität	Bemerkungen
gesamtes Team	*Workshop für das gesamte Team:* Ziele sichtbar machen und Auseinandersetzung mit der Veränderung	1 Tag
neues Führungsteam	*Drei Führungs-Workshops* 1. Ziele verwirklichen, Umsetzung unterstützen 2. Führung und Kommunikation 3. Mitarbeitergespräche führen	3 mal 1 Tag
individuelle Ebene	*Individuelles Coaching für das Führungsteam*	3 mal 2 Stunden/Person

Design und Durchführung

Stichworte zu den Workshopdesigns

Workshop Gesamtteam: Ziele sichtbar machen; Auseinandersetzung mit Veränderungen: Ziele für alle sichtbar machen durch gemeinsames Entwerfen eines neuen »Bildes«. Sich mit folgenden Fragen beschäftigen: Wo stehen wir heute? Welche Stärken und Schwächen haben wir? Was sind Chancen und Gefahren? Welches sind die zentralen Herausforderungen? Was wollen wir konkret tun? Woran messen wir unser Tun? Auseinandersetzung mit Veränderungen. Wie verlaufen Veränderungen auf der individuellen Ebene? Was bedeuten die Veränderungen für das Team?

Führungs-Workshop 1: Ziele verwirklichen; Umsetzung unterstützen: »Bild« und Ziele aus dem Workshop-Gesamtteam bilden die Basis. Es erfolgt eine Verdichtung der Resultate und eine Auseinandersetzung mit den Fragen: Welche Bedeutung haben die Resultate für die Veränderungen auf der Organisationsebene, der Führungsebene und der individuellen Ebene? Was braucht es für die Kommunikation und Motivation? Welche Beteiligung aus dem gesamten Team braucht es? Was wollen wir konkret tun? Woran messen wir unser Tun (Erfolgskontrolle)?

Führungs-Workshop 2: Führung und Kommunikation: Gemeinsame Auseinandersetzung mit dem Führungsverständnis: die sechs Rollen einer Führungskraft (s. Abb. 3). Was ist mein Führungsstil? Zielgerichtet und angemessen informieren bei Veränderungen. Kommunikation als Führungsaufgabe.

Führungs-Workshop 3: Mitarbeitergespräche führen: Hier steht das Mitarbeitergespräch im Vordergrund: Mitarbeiter mit Zielen führen. Führen durch Fragen. Feedback geben (loben und kritisieren). Wie delegiere und kontrolliere ich richtig? Umgang mit Konflikten.

Stichworte zu den individuellen Coachings

Coachee und Beraterin erarbeiten gemeinsam die individuellen Ziele für das Coaching. Diese werden im Dreiergespräch mit dem Inhaber abgestimmt und ergänzt.

Rollenwechsel vom Mitarbeiter zum Chef und Unternehmer
Der Rollenwechsel vom Angestellten und Mitarbeiter zur Führungskraft und Unternehmer ist ein wichtiger Schritt in der persönlichen Karriere. An jede dieser Rollen sind spezifische Erwartungen geknüpft. Für ein erfolgreiches Handeln ist es wichtig zu erkennen, in welcher Rolle sie sich gerade verhalten, welche Rolle im Moment angefragt ist und welches Verhalten wann sinnvoll ist.

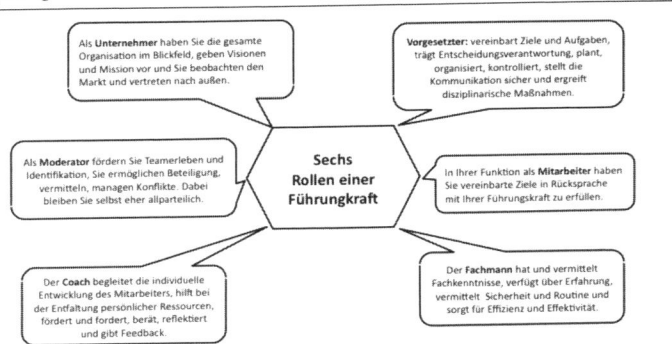

Abbildung 3: Sechs Rollen einer Führungskraft

Weitere Themen, die in den Coachings wichtig waren:

- Umgang mit Mitarbeitern
  - den passenden Ton finden,
  - wertschätzende Rückmeldungen geben und ausgewogen loben und kritisieren,
  - neue Qualität von Zuhören verbinden mit mehr Fragen stellen,
- Konflikte mit Mitarbeitern.
- im Führungsteam
  - Geben und Nehmen in einem ausgeglichenen Maße,
  - sich der eigene Interessen bewusst werden und diese vertreten,
  - unternehmerische Sichtweisen stärken,
  - Unterschiede in Denk-, Handlungs- und Entscheidungsgeschwindigkeiten wahrnehmen und sich auf andere Geschwindigkeiten einlassen.

Werkzeuge

Für die Workshops mit dem Führungsteam und die individuellen Coachings wird der Werkzeugkasten »Der ExpressoCoach für Führungskräfte« eingesetzt (Abb. 4). Dieser enthält breites Führungswissen in konzentrierter und schnell zugreifbarer Form.

 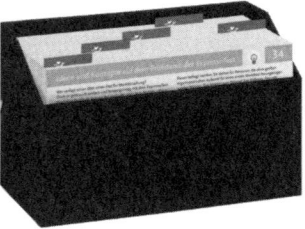

Abbildung 4: ExpressoCoach für Führungskräfte – 111 Coaching-Karten für die Führungspraxis

Unterwegs im Prozess

Die ersten Schritte

Für alle Mitarbeiter war es ein völlig neues Vorgehen, in einem Workshop zusammen an Zielen zu arbeiten. Alle haben sich schnell auf das Ungewohnte eingelassen und in zwei Gruppen »Bilder« entworfen.

Anfänglich war es nicht ganz klar, wer nun wirklich zum Führungsteam gehört. Nach sorgfältigem Abwägen waren es schlussendlich

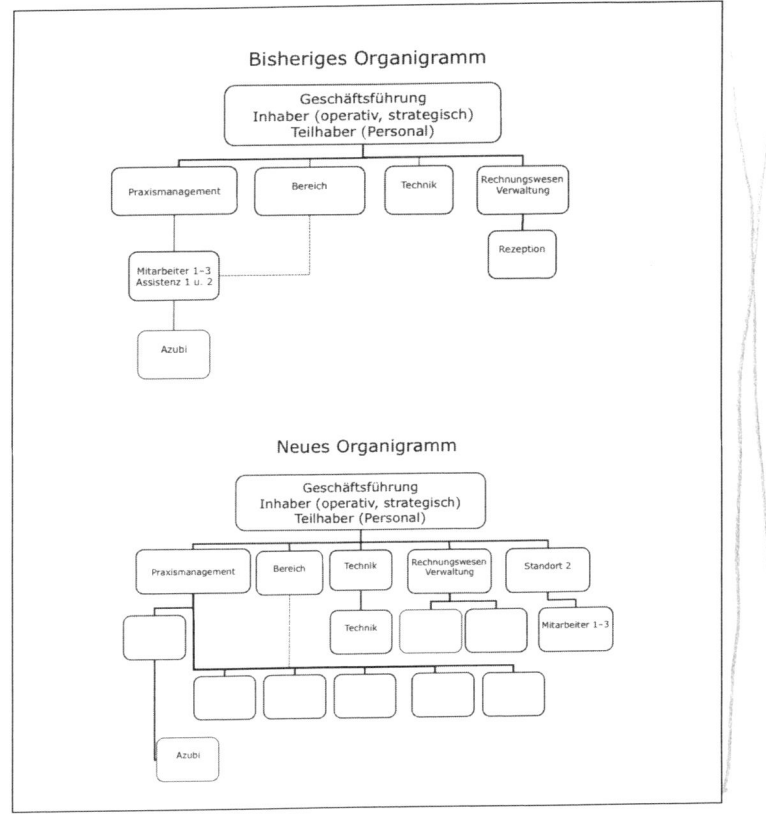

Abbildung 5: Organigramm

neben dem Inhaber noch drei weitere Schlüsselpersonen. Der erste
Workshop mit dem Führungsteam begann.

Dynamik im ersten Führungs-Workshop

Die Dynamik am ersten Führungs-Workshop war so, dass es unbedingt
notwendig war, das geplante Design zu verlassen und die auftauchen-
den Themen zu bearbeiten. Wichtig waren gegenseitige Erwartungshaltungen und die Verteilung der Aufgaben. Auch die neue Struktur
und das neue Organigramm waren Thema (vgl. Abb. 5). Als Beraterin
war höchste Flexibilität gefordert.

Erweitern der Hypothesen

Der Prozess der Diagnose ist ein ständiger und läuft bei jedem Kontakt
weiter. Folgende Hypothesen sind zusätzlich aufgetaucht:
- Es gibt kaum Regelkommunikation, vieles wird »unter der Tür-
  schwelle im Vorbeigehen« besprochen.
- Strukturen sind organisch gewachsen und eher zufällig.
- Die Mitglieder im Führungsteam sind sehr unterschiedlich.
- Vereinbarungen umsetzen erfolgt nach Belieben.

Anpassungen unterwegs

Die Hypothesen lassen erkennen, dass mehr Elemente der Teamentwicklung notwendig sind. Das ursprüngliche Design des Führungs-
Workshops 2 wird angepasst.

Beispiel 1: Werteanalyse siehe Download-Beispiel
www.expressocoach.de

Beispiel 2:

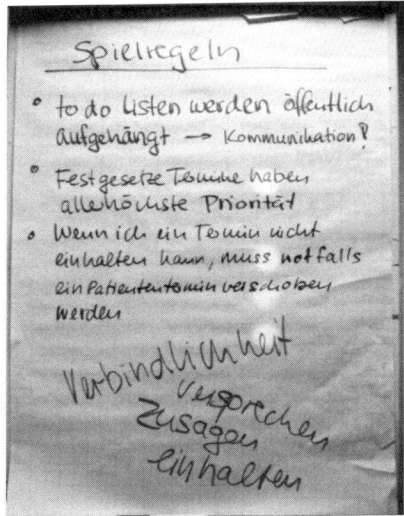

Abbildung 6

Stolpersteine

Schwierige Integration eines zusätzlichen Standortes
Während des Beratungsprozesses laufen die unternehmerischen Aktivitäten weiter. Die geplante Übernahme eines weiteren Praxisstandortes gelang nach vielen administrativen Hürden. Die neue Mitarbeiterin, welche diesen Standort dann leiten soll, ist gefunden und beginnt dort zu arbeiten. Der dortige Inhaber ist übergangsweise mit im Boot. Damit soll sichergestellt werden, dass der Kundenkreis erhalten bleibt.

*Was der Berater alles hört und der Unterschied zwischen Planung und
Realität – Perspektive des Inhabers*
Die Gestaltung der Verträge braucht wesentlich mehr Zeit und Energie als ursprünglich angenommen. Der neue Kollege hat seine Mitarbeiter über die Veränderungen noch nicht informiert. Versprechun-
gen seinerseits laufen ins Leere. Zwischen der neuen Mitarbeiterin
und dem Kollegen gibt es bereits in den ersten Tagen Streit. Trotz
gemeinsamer Gespräche zu dritt eskaliert der Konflikt mehr und
mehr.
Was passiert, wenn einer der beiden das Handtuch wirft?
Die neue Mitarbeiterin wird in die Coachingmaßnahmen integriert.

Kündigung einer Schlüsselperson

Überraschendes Telefonat am Abend
Der Inhaber meldet sich: »Es gibt überraschende Neuigkeiten! Frau XY
hat gekündigt!« Pause. Aus der Reaktion meines Gesprächspartners
merke ich, dass er sehr überrascht und auch enttäuscht ist. Nach dem
Entgegenkommen mit Weiterbildung, Teilzeitarbeit etc. kann er nicht
verstehen, warum sie sich für diesen Weg entschlossen hat. War sie
doch in alles eingebunden und die Aussichten für sie wirklich positiv.
Wie geht es nun weiter? Der Termin für den nächsten Workshop im
Führungskreis ist bereits geplant. Das Thema bekommt dort einen
großen Stellenwert. Wie wird es an alle Mitarbeiter kommuniziert?
Was hat das für einen Einfluss auf die Wachstumsstrategie? Wie kann
die Nachfolge schnell geregelt werden?
Mein Gedanke war: »Das ist doch eigentlich ganz gut so. Damit sind
doch viele Probleme gelöst«. Aber dies war noch nicht der richtige
Moment für diese Perspektive!

Der nächste Führungs-Workshop Nr. 3 findet nun im reduzierten Führungsteam statt. Es wird deutlich, dass alle sehr betroffen und überrascht sind von der Kündigung. Die Verarbeitung der Enttäuschung
und ein Fazit aus den Erfahrungen sind die Basis für den Blick auf die
Zukunft. Gemeinsam wird ein Profil für die Nachfolge und eine Kommunikationsstrategie für alle Mitarbeiter erarbeitet. Die Kommuni-

kation wird im Rollenspiel geübt und mit den Feedbacks der anderen Teilnehmer verbessert.

Gemäß der ursprünglichen Planung ist mit diesem Workshop der Beratungsauftrag abgeschlossen. Durch die neuen Randbedingungen wird deutlich, dass die weitere Beratung sinnvoll ist. Die nächsten Schritte werden noch im Workshop grob geplant.

Teamkonflikt im Alltag

> *Paul und das Telefon*
> In einem der Führungsworkshops wird deutlich, dass es immer wieder Konflikte gibt, wer gerade Telefondienst hat. Ein gut funktionierender Telefondienst ist für den Erfolg des Geschäftes zentral. Die Diskussion ging hin und her. Vieles ist schon ausprobiert worden, bisher mit unzulänglichem Erfolg. Ich schlug vor, die Verantwortlichkeit mit einem Gegenstand zu verknüpfen, der jeweils bei einem Wechsel übergeben wird. Das fand allgemeine Zustimmung. Beim nächsten Treffen wurde mir von Paul berichtet. Paul ist ein Zahn aus weißem Filz. Wer Paul hat, ist für das Telefon verantwortlich und muss auch präsent sein. Seither habe ich über dieses Thema keine Klagen mehr gehört.

An diesem Beispiel wird deutlich, wie groß die Versuchung ist, einfach zu sagen, wie es geht oder gehen könnte. Wo ist nun die Grenze als Berater? Kunden wollen diese Rollenklarheit oft gar nicht, sie sprechen (unbewusst) unterschiedliche Rollen an und erwarten vom Berater eine hohe Rollenflexibilität. Wo ist die Grenze?

Der Prozess geht weiter

Erweiterung des Beratungsumfangs

Die neue Situation
Das Führungsteam ist wieder komplett. Ein neuer Mitarbeiter wurde wider Erwarten sehr schnell gefunden. Das Team muss sich neu finden und gleichzeitig gilt es, die Integration des neuen Standortes fortzusetzen.

Die neuen Ziele

- Bewusstsein für die kommenden Anforderungen schaffen;
- Führungsfähigkeiten entwickeln und erweitern;
- das gesamte Team für die neuen Herausforderungen motivieren, alle an Board halten und für die neuen Aufgaben qualifizieren;
- die Übergangsphase so gestalten, dass die Umsätze im geforderten Maße zunehmen;
- neue Aufgabenverteilung und Organisationsstrukturen definieren.

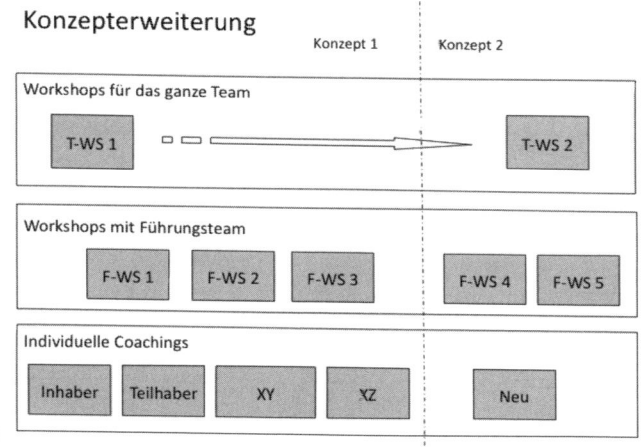

Abbildung 7

Führungs-Workshop 4: Neues Führungsteam bilden
Integration von zwei neuen Mitarbeitern in das Führungsteam. Neue Strukturen und Aufgaben im Führungsteam klären. Kommunikation im Führungsteam und im Gesamtteam – informell und formell: Wann brauchen wir was? Aktuelle Themen ansprechen und gemeinsam Lösungen suchen.

Führungs-Workshop 5: Integration neuer Standort
Übernahme und Integration des neuen Standortes. Klare Strukturen und Aufgaben im Führungsteam definieren. Eigenen Führungsstil erkennen und im Führungskreis »harmonisieren«. Kommunikation im gesamten Team optimieren.

Workshop 2 für das gesamte Team

Rückblick auf vergangenes Jahr: Was haben wir erreicht? Woran wollen
wir noch weiter arbeiten?

Ausblick auf nächstes Jahr: Was wollen wir erreichen? Wofür stehe
ich persönlich?

Nutzen und Resultate nach einem Jahr

Zitat des Kunden

»*Einleitung:* Bislang sind die überwiegende Zahl von Zahnarztpraxen
Kleinstunternehmen mit wenigen Mitarbeitern. Die Veränderungen
im Gesundheitsmarkt erfordern jedoch neue, wettbewerbsfähige
Strukturen.

Mit dem Entschluss, unsere Praxis zu einer Mehrbehandlerpraxis
mit mehreren Standorten auszubauen, ergab sich auch die Frage, wie
diese Aufgabe zu bewältigen ist. Traditionell sind Zahnärzte in Ma-
nagementfragen nicht oder nur wenig geschult, so dass der Aufbau
größerer organisatorischer Einheiten sehr schwer wird.

Nutzen: Das Coaching hat für unsere Praxis erhebliche Veränderungen gebracht:

- Die Kommunikationswege sind klarer und schneller geworden.
- Es wurde ein Führungsteam geschaffen, das sich regelmäßig trifft
  und in dem die Managmentaufgaben verteilt sind.
- Durch ein persönliches Coaching jedes einzelnen Mitglieds konnten die Führungskompetenzen deutlich gestärkt werden.
- Die Hinzuziehung eines externen Beraters ist gerade für Zahnärzte
  noch ungewöhnlich, die eigene Erfahrung zeigte aber, dass Veränderungsprozesse so erheblich leichter werden. Im Fall unserer
  Praxis ist es gelungen, innerhalb von 18 Monaten die Praxis auf
  fünf Zahnärzte und insgesamt 25 Mitarbeiter an zwei Standorten
  zu vergrößern.

Ohne externe Beratung wäre dieses rasche Wachstum mit Sicherheit
nicht so erfolgreich umzusetzen gewesen.«

Die finanzierende Bank hat dem Unternehmen ein besseres Rating gegeben, weil das Unternehmen sich professionel! beraten lässt. Die Finanzierung ist dadurch günstiger geworden.

Die überraschende Kündigung einer Schlüsselperson wurde im Team bewältigt. Das Profil der Nachfolge im Führungsteam gemeinsam definiert und die Position sehr schnell neu besetzt.

Schlussbemerkung

Das ursprüngliche Design war gerade mal für den ersten und zweiten Workshop passend. Danach war es wichtig, die aktuellen Gegebenheiten einzubauen und das Design entsprechend anzupassen. Dazu wurde das Führungsteam jeweils mit einer provisorischen Planung per Mail vorab informiert. Telefonisch wurden dann die aktuellen Themen abgefragt und die Planung wurde entsprechend angepasst. Im Workshop selbst wurde hauptsächlich daran gearbeitet, wo gerade die größte Energie war. Das führte dazu, dass das Design ad hoc angepasst und in Abstimmung mit den Teilnehmern geändert wurde.

Die Teilnehmer der Führungs-Workshops sind sehr unterschiedlich mit dem Thema Verbindlichkeit umgegangen. Guter Wille war von allen da, aber beständiges Umsetzen der vereinbarten Maßnahmen im Alltagsgeschäft ist manchmal schwer gefallen. Hier mit Beharrlichkeit aber ohne Druck am Ball zu bleiben, ist nicht immer einfach gewesen.

Das Steuerungsdreieck zeigte sich als sehr geeignet, zu Beginn des Prozesses eine Ordnung und Struktur herzustellen. Währen der Durchführung half das Dreieck, den inhaltlichen Fokus der Workshops an die jeweilig vorherrschende Problemstellung anzupassen. Das Modell eignet sich sowohl zur Planung und zur Steuerung.

Literatur

Härri, M.; Schwarz, I.; Schwarz, M. (2006). Der ExpressoCoach für Führungskräfte. 111 Coaching-Karten für die Führungs-Praxis. Frankfurt a. M.: Eichborn.

Schmid, B.; Hipp, J.: Schlüsselbegriffe am Institut für Systemische Beratung. Download-Bereich in: www.systemische-professionalitaet.de

Die Autorin

 Maja Härri (Jg. 1959) ist seit 2003 selbständige systemische Beraterin mit den Themen Organisationsentwicklung, Change Management und Coaching. Sie verfügt über langjährige Management- und Vertriebserfahrung als Geschäftsführerin in der Industrie.

E-Mail-Kontakt: kontakt@maja-haerri.de
Internet: www.maja-haerri.de

Hans Tode

restart 49 – mit erfahrenen Führungskräften und Mitarbeitenden in die Zukunft, die schon begonnen hat

Gebrauchsanleitung

Der nachfolgende Aufsatz richtet sich an Unternehmensleiter[1] kleiner und mittlerer Betriebe, Mitglieder der Geschäftsleitung, Personalverantwortliche, Personal- und Organisationsentwickler, alle Entscheidungsträger, die die Unternehmenskultur aktiv beeinflussen wollen, und alle weiteren Interessierten. Beschrieben wird ein Mosaikstein des Megathemas »demographische Entwicklung«, welches gerade heute in aller Munde ist. Hier wird vor allem aus der Sicht eines Praktikers berichtet, die die unendliche Zahl von Foliensätzen und Vorträgen ergänzen soll, denn man kann schon jetzt etwas tun, bevor die Auswirkungen der gesellschaftlichen Entwicklungen noch mehr spürbar werden. Es wäre schön, wenn damit auch erreicht werden könnte, dass mutige Entscheidungsträger den letzten kleinen Kick bekommen, um in Handlung zu kommen.

---

1 Ich verwende die Begriffe Unternehmen, Organisation und Verwaltung meistens synonym, denn meine Erfahrungen mit den unterschiedlichen Auftraggebern sind trotz gewaltiger Unterschiede der Rahmenbedingungen sehr ähnlich.
Ich schreibe in der männlichen Form, ohne die Leserinnen diskriminieren zu wollen.

Wird der Bote getötet

Im Lauf der Menschheitsgeschichte erging es den Boten mit schlechten Nachrichten schlecht, obwohl sie meistens nicht selbst Verursacher der unglücklichen Umstände waren, von denen sie zu berichten hatten. Vielleicht haben aus diesem Grund nicht alle schlechten Nachrichten die Entscheidungsträgern erreicht. Wem ist es schon zu verdenken, die Botschaft zu schönen, um, wie noch im Mittelalter, wenigstens am Leben gelassen zu werden. Aber möglicherweise brauchen wir nicht so weit in die Vergangenheit schauen, um zu merken, dass die Verhaltensweisen der Boten heute nicht viel anders sind. Wird die Situation der Menschen im Unternehmen und in Organisationen geschönt, nur um Versäumnisse zu vertuschen, oder ist es schlicht Hilflosigkeit, welche die Entscheidungsträger in einer unerklärlichen Ohnmacht hält? Das sogenannte Tagesgeschäft hat die Menschen voll im Griff und da machen die Personalverantwortlichen und Geschäftsleitungsmitglieder keine Ausnahme. Nein, oftmals werden wichtige Themen sogar mit diesem Argument, das Tagesgeschäft hat (im Augenblick) Vorrang, auf unbestimmte Zeit verschoben.

In diesem Beitrag soll es um konkrete Handlungsfelder im weiteren Bereich der demographischen Entwicklung, der lebensphasenorientierten Personalentwicklung, der Unternehmenskultur und im Speziellen um die Gruppe der erfahrenen Menschen im Unternehmen gehen.

Wenn ich als Externer bei gut situierten Unternehmen anfrage, ob das Megathema der demographischen Entwicklung auch intern im Unternehmen ein Thema ist, bekomme ich oft eine bejahende Antwort. Die darauf folgende Frage, was denn konkret für die Altersgruppe der reifen Mitarbeitenden im Alterssegment zwischen 45 und 54 angeboten wird, kann dann meistens nicht mehr positiv beantwortet werden. Die Zahl der Unternehmen, die nicht nur über die Thematik nachdenken, sondern auch ihre zahlreichen guten Gedanken in die Tat umsetzen, wächst kaum. Den internen Dienstleistern geht es in vielen Fällen nicht anders als den eingangs erwähnten Informationsträgern. Die HR-Leute und Personalverantwortlichen greifen das Thema der Förderung der älteren Mitarbeitenden im Unternehmen auf und werden behandelt wie Boten mit schlechten Nachrichten. Selbst Mitglieder der

Geschäftsleitung, die oft im genannten Alterssegment sind, machen ähnliche Erfahrungen.

Ich habe Zeit … Anspruch und Wirklichkeit

»Ich habe Zeit für die Anliegen meiner Mitarbeitenden«, hört man häufig von Führungskräften, und die manchmal offene Tür zum Büro soll diese Absicht unterstreichen. Aber die Realität sieht anders aus. Im Alltag habe ich keine Zeit, nicht als Führungsperson, nicht als Projektleiter, nicht als Mitarbeitender.

Habe ich Zeit, über meine aktuelle und künftige Situation nachzudenken? Es geht dabei nicht um die Zeit nach der Berufstätigkeit, nein, ganz konkret um die Zeit der kommenden 15 bis 20 Jahre. Diese Frage stellt sich für viele Menschen aus unterschiedlichen Gründen nicht.

Und doch gibt es Unternehmen, die genau das anbieten: Zeit – als Zeichen der Wertschätzung und Zeit –, um sich selbst (neu) zu positionieren. Für die Mitarbeitenden, meist Führungskräfte, kann das bedeuten: Endlich kann ich mich in einem Seminar mit mir und meiner gelebten oder noch vor mir liegenden Zeit auseinandersetzen.

Die verfügbare Zeit ist für alle Menschen gleich. Der Unterschied besteht darin, wie wir damit umgehen und ob wir uns dessen bewusst sind. Ist uns überhaupt klar, dass wir verschiedene Möglichkeiten haben, um neue Wege zu gehen und Ungewohntes zu wagen? Nein, im normalen Alltag sind wir so eingespannt, dass wir nicht über Alternativen nachdenken (können). Wir erleben unser tägliches Leben als gesetzt und vor allem viele von uns Männern spüren oftmals nicht das Unbehagen, welches uns manchmal kurz vor dem Einschlafen ereilt, doch vielleicht einmal andere Ideen von Arbeit gehabt zu haben als die, die wir jetzt gerade leben. Eine Reflexion würde Fragen aufwerfen, die keine raschen Antworten nach sich zieht. Die fast atemlose Geschwindigkeit in zahlreichen Unternehmen gestattet kein Zurücklehnen. Das Unternehmen fordert Wachstum bei Umsatz und Gewinn – um jeden Preis. Bei uns Menschen ist Wachstum mehrdimensional. Es bedeutet nicht nur die Erfüllung budgetierter Zahlen im Bemessungszeitraum. Selbstverständlich wollen wir Leistung zeigen, denn jeder Mensch will einen Beitrag erbringen zum Wohlergehen von sich selbst, dem Unternehmen und der Gesellschaft. Doch wir werden diesen Beitrag am ehesten dort leisten, wo wir Anerkennung und Wertschätzung für unsere Leistungen ernten, und dies nicht nur auf monetärer Ebene. Doch neben dem Leistungsbeitrag wollen wir uns selbst ebenfalls entwickeln. Manchmal geschieht das sehr zielgerichtet, wie uns das viele junge Erwachsene mit ihrer passgenauen Karriereplanung vorleben; manchmal ist das Leben eher ein wenig intuitiv gesteuert. Die Entwicklungen an den Lebensbrüchen sind oftmals die markantesten Schritte, die uns in der Regel dazu nötigen, uns den geänderten Gegebenheiten anzupassen. Solch schleichende Haarrisse in unserer biographischen Entwicklung werden unter anderem im Alter von ca. 40 Jahren deutlicher und weiten sich zu markanten Spalten in unserem Lebensrelief aus. Was in jungen Jahren noch als vernachlässigbare Fehler zum Beispiel im Umgang mit der eigenen Gesundheit galt, weitet sich im fortgeschrittenen Lebenslauf als deutlich werdende Einschränkung aus. Viele von uns haben dennoch die Gabe, geflissentlich darüber hinwegzusehen.

Obwohl die »Werksgarantie« für unser körperliches Wohlbefinden mit 50 abläuft, so meine Hausärztin, schwelgen wir in mancher Hinsicht noch in den Omnipotenzphantasien der späten Adoleszenz. Die Ernährung dem gesunkenen Grundumsatz anzupassen, mehr Bewegung in den Tagesablauf einzubauen und hin und wieder nein zu sagen, fällt uns auch mit gesteigerter Informationsfülle nicht immer leicht. Bei den Frauen ist die Verleugnungshaltung meiner Erfahrung nach nicht ganz so stark ausgeprägt.

Genau dort setzt mein Programm an. Weil der demographische Wandel in der Gesellschaft, in der Verwaltung, in den Unternehmen und bei den Individuen sehr unterschiedlich verläuft, gibt es, trotz Gemeinsamkeiten kein Patentrezept für den Umgang mit diesen völlig neuen Herausforderungen. Frank Schirrmacher beschreibt das, was auf uns zukommen wird, in seinem Buch »Der Methusalem-Komplott« (2004) düsteren Farben.

Mein Ansatz stellt die »Alten« in Organisationen in den Mittelpunkt des Interesses. Doch damit wird schon die erste Diskrepanz sichtbar. Wer sind die Alten im Unternehmen?

Es gibt eine Innensicht des Individuums und die Außensicht des Unternehmens, der Organisation und der Gesellschaft. Die Innensicht beschreibt die Sicht der Betroffenen, die sich oftmals mit 45 noch nicht alt fühlen. Sogar Menschen mit 70 sagen von sich selbst, sie fühlen sich mitten im Leben stehend. Die Außensicht beschreibt den Blickwinkel des Unternehmens oder der Umwelt. Wenn Ihnen in der Straßenbahn, sofern Sie öffentliche Verkehrsmittel benutzen, ein Platz angeboten wird, können Sie deutlich die Einschätzung Ihrer Umwelt zu Ihrem Alter erkennen. So ist es auch im Unternehmen. Wenn die Unternehmenskultur darauf geeicht ist, alle Mitarbeitenden, außer den Top-Führungskräften, versteht sich, über 50 tendenziell zum alten Eisen zu zählen, werden sich die Menschen im Unternehmen auch so verhalten. Interessante Studien beweisen das.

Branchenspezifische Unterschiede gibt es ebenfalls. Wenn wir einen Blick auf die Werbung werfen, werden wir Unterschiede feststellen. Bei einer Werbeagentur, die für sich selbst neue Aufträge akquirieren möchte, finden wir den reifen Unternehmensgründer, umgeben von ausschließlich jungen Menschen, wobei alle ungeheure Dynamik ausstrahlen. Demgegenüber sehen wir in der Werbung für einen sehr alten guten Whisky alte Männer mit viel Zeit und Muße an den Eichenfässern, in denen das köstliche Getränk gereift wird, entlangschlendern.

Welche Alten sind also gemeint, wenn ich von einem Programm spreche?

Es sind die Menschen der Altersgruppe von 45 bis 54 Jahren, die weitere 15 bis 20 Jahre im Erwerbsleben verbringen werden. Dieses Angebot möchte ich hier entfalten. Für die Altersgruppen darüber und darunter ergeben sich andere Fragestellungen des Lebens. Die Programminhalte sind ähnlich, doch die Themen, mit denen man sich in bestimmten Alterssegmenten beschäftigt, sind anders oder mindestens anders gewertet.

Wie kommt es nun zu einem Seminarangebot an die Mitarbeitenden?

Zunächst einmal müssen die Entscheidungsträger in der Lage sein, ein Trendthema von einem Thema, welches das Überleben des Unternehmens maßgeblich beeinflussen wird, zu unterscheiden. Dazu braucht es ein wenig Weitsicht und Denken über den Tellerrand hinaus und dieses Denken sollte mehrdimensional sein – Kosten und Ertrag einschließen.

Mit Weitsichtigkeit sind hier Dimensionen gemeint, die das Gedeihen des Unternehmens auch noch in mehreren Jahren zum Ziel haben und dabei berücksichtigen, wie sich die Altersstruktur im Unternehmen entwickeln wird. Gibt es beispielsweise wichtige Abteilungen, in denen in den nächsten Jahren mehrere Wissensträger pensioniert werden, oder hat eine Überalterung in ganzen Organisationseinheiten stattgefunden? Gibt es Teams, die aus ausschließlich jungen Menschen bestehen, und ist das auch so gewollt?

Es ist also notwendig, eine Altersstrukturanalyse bis auf die Ebene jeder Abteilung durchzuführen. Eine allgemeine Analyse über die Gesamtmitarbeiterschaft reicht bei weitem nicht aus. Wenn die Verantwortlichen auf dieser Evaluationsstufe stehen bleiben, können sie sich fast immer ruhig zurücklehnen und annehmen, sie hätten eine ausgeglichene Altersstruktur in ihrer Organisation.

Der Blick über den Tellerrand schließt die Umgebung mit ein. Das muss nicht immer gleich global sein. Oft genügt es zu schauen, ob das Unternehmen weiterhin ähnliche Kunden haben wird und ob es die ertragreichen Produkte mit den Menschen produzieren und anbieten kann, die im mehr oder weniger weiten Umkreis um die Produktionsstätte verfügbar sind. Wenn man für diese Dimensionen ein vernünftiges Augenmaß findet und den Handlungsspielraum den Gegebenheiten anpasst, ist schon viel gewonnen. Das lässt sich oft schon durch die Möglichkeit kostengünstiger Rekrutierung beantworten. Bekomme ich in einem angemessenen Zeitraum die Mitarbeitenden, die ich genau für meine Produktion oder Dienstleistung benötige, und dies zu einem akzeptablen Preis?

Wenn man seine künftigen Mitarbeitenden nicht im gewünschten Maße auf dem regionalen Arbeitsmarkt erhält, sucht man in der Regel überregional oder international.

Was aber, wenn all die Möglichkeiten nicht ausreichen, um qualifizierte Mitarbeitende zu bekommen? Oder wenn in diesem Bereich die Kosten-Nutzen-Aspekte nicht ausgewogen sind?

Es ist möglich, die vorhandenen Arbeitskräfte besser zu nutzen. Vorhanden sind die reifen Mitarbeitenden, die manchmal nicht auf dem Höhepunkt ihrer Motivationsskala arbeiten. Hier können Ressourcen gehoben und gleichzeitig die Arbeitszufriedenheit gesteigert werden. Das sind auch die Menschen im Unternehmen, mit deren Zuverlässigkeit die Führungsebene rechnen kann.

Die Arbeitszufriedenheit und die eigene Motivationsfähigkeit sind allerdings kein Perpetuum mobile. Deshalb ist es sinnvoll, das Programm für die 45- bis 54-Jährigen als Mosaikstein in Kombination mit all den anderen sinnvollen Angeboten des Unternehmens anzubieten. Aber es ist manchmal auch sinnstiftend, das Programm als Initialzünder oder Katalysator für den Wandel der Unternehmenskultur zu verwenden.

Mit dem Angebot bekommen die Seminarteilnehmenden die Möglichkeit, sich mit sich selbst, ihrem Reifungsweg und ihrer Stellung im Unternehmen auseinanderzusetzen. Auf den Nutzen, den sie von diesen abenteuerlichen Stunden haben, kommen wir etwas später zu sprechen.

Wer macht das schon im normalen Alltagsleben? Sich mit sich selbst intensiv auseinandersetzen, wenn er nicht gerade einen stattlichen Lottogewinn gemacht hat oder ihm eine Kündigung ausgehändigt wurde?

Hier im Seminar machen es Menschen, die sich bewusst in einer Gruppe von etwa Gleichaltrigen und manchmal Gleichgesinnten auseinandersetzen wollen. Dabei lassen sich diese Menschen auf den Balanceakt ein, sich einerseits mit dem Altern in einer unternehmensinternen Gruppe auseinanderzusetzen, obwohl die meisten von ihnen sich nicht alt fühlen, und andererseits Perspektiven für die nächsten Jahre der Berufstätigkeit zu entwickeln.

Wie kommt es nun zu so einem unternehmensinternen Angebot an die Mitarbeitenden?

Hier gibt es eine klare Antwort. Es braucht einen mutigen Entscheidungsträger, entweder in der Geschäftsleitung oder/und in der Personal(-entwicklungs)- oder Organisationsabteilung. Diese Person möchte die zahlreichen Erkenntnisse, die seit vielen Jahren vorliegen, und die unzähligen Folien, die auf den unterschiedlichsten Vorträgen und Veranstaltungen gezeigt wurden, endlich in die Praxis umsetzen. Sie möchte das Unternehmen weiterbringen, einen Wettbewerbsvorteil gegenüber anderen schaffen und sich auch ein wenig damit profilieren. Diese Person wird ihren Pioniergeist entfachen, der entweder in der Unternehmenskultur verankert ist, oder sie wird den großen Handlungsspielraum nutzen, den sie sich über die Jahre hinweg geschaffen hat. Denn beides ist nötig, um das Angebot an die Mitarbeitenden zum Erfolg werden zu lassen. Vorbilder, zu denen man gehen kann und bei denen man Erfahrungen abholen kann, vorausgesetzt, sie werden weitergegeben, gibt es (noch) wenige.

Im beschriebenen Fall handelt es sich um einen verantwortungsvollen Personalentwickler, Hans-Peter Meier (Name geändert), der innerhalb eines großen Dienstleistungsunternehmens für die Aus- und Weiterbildung einer Organisationseinheit mit etwa 3000 Mitarbeitenden zuständig ist. Die Altersstruktur dieser Einheit ist, wie ist es anders zu erwarten, über alle Mitarbeitenden gesehen mit einem Altersdurchschnitt von 42 Jahren ausgeglichen. In einigen wichtigen Untereinheiten steht es jedoch mit den nachwachsenden Kräften nicht zum Besten. Viele Reorganisationen haben die Einheit zudem müde gemacht. Herr Meier hat erkannt und es seinen Vorgesetzten kommuniziert, dass es Handlungs- und Qualifizierungsbedarf im Bereich der erfahrenen Mitarbeitenden gibt. Die öffentlichen Diskussionen über die allgemeine Entwicklung des Talent-Managements und der fehlenden Nachwuchskräfte haben die Argumentation von Herrn Meier gestützt, den vorhandenen guten Mitarbeitenden wieder mehr Beachtung zu schenken.

Der Begriff des Boten ist an dieser Stelle mehrdimensional. Natürlich ist Herr Meier eine Persönlichkeit die auch als solche in Erscheinung tritt. Entpersonifiziert kann die Botschaft durch den »normalen« Informationsfluss, durch die Teilnahme an Veranstaltungen, durch Kontaktpersonen ins Unternehmen getragen werden. Entscheidend ist, ob die Nachricht, auch in diesem Bereich handeln zu müssen, im Unternehmen aufgenommen und diskutiert wird oder ob sie ausgeschieden wird, ohne dass etwas geschehen ist.

Wird der Bote belohnt

Die Belohnung des Boten wird durch die Aufnahme der Information im Unternehmen bewerkstelligt. In vielen Fällen ist es nun so, dass die Botschaft zwar im Unternehmen angekommen ist, aber nicht weiterverarbeitet wird. Das daily business hat den Vorrang, obwohl klar ist, dass wir uns den Aussagen eines renommierten Professors zu Folge »30 Jahre nach 12 Uhr befinden«. Es sei denn, das Tagesgeschäft fällt mit dem Thema der Qualifizierung der reifen Mitarbeitenden zusammen. Dann ist es anders. Häufig ist das bei der Thematik von Leadership-Angeboten oder Gesundheitsmanagement der Fall. Wie so oft im Leben muss auch hier die Zeit reif sein, um sich auf dünnes Eis zu wagen. Das ist bei den Individuen so und bei den Unternehmen entscheidet ebenfalls dessen Reifegrad darüber, welche Themen im Unternehmen bearbeitet werden.

> *Ein Mensch, der sich für stark gehalten,*
> *Versuchte, einen Klotz zu spalten.*
> *Doch schwang vergebens er sein Beil:*
> *Der Klotz war gröber als der Keil.*
> *Ein Zweiter sprach: ich werd's schon kriegen!*
> *Umsonst – der grobe Klotz blieb liegen.*
> *Ein Dritter kam nach Jahr und Tag,*
> *Dem glückt' es auf den ersten Schlag.*
> *War der nun wirklich gar so forsch?*
> *Nein – nur der Klotz ward seitdem morsch.*
> (Eugen Roth)

Zuordnung im Unternehmen und Erkenntnisse zur Personalentwicklung

Wenn die Thematik in das Unternehmen eingedrungen ist und partielle Aufmerksamkeit erregt hat, stellt sich nun die Frage, welcher Abteilung das Thema zugeordnet wird. Gehört es in die Obhut der Geschäftsleitung und wird dadurch auch zum Unternehmenskulturthema, gehört es in die Finanzabteilung, die mit Controlling beispielsweise über die Kosten der Absenzen wacht, oder gehört es in die Personalabteilung und ist Teil der Aus- und Weiterbildung? In der aktuellen Realität gehen meistens innovative Personal- und Organisationsentwicklungsleiter auf die Geschäftsleitung zu und schlagen das Thema vor. Dabei fällt ihnen in der Regel auf, dass zwischen Rekrutierung mit anschließender Karrierebegleitung und dem Wiederentdecken der Mitarbeitenden von Seiten der Personalentwicklung kurz vor der Pensionierung eine Lücke von 15 bis 20 Jahren besteht, in der die Mitarbeitenden im Grunde genommen wenige Angebote vom Unternehmen erhalten. Dies hat vielfältige Gründe, die an dieser Stelle nur gestreift werden können. Moderne Unternehmen versuchen derzeit, diesem Umstand mit Management-Follow-ups zu begegnen und somit wenigstens den Führungskräften Angebote zu machen.

Aber was brauchen die Menschen im Alter der angesprochenen Personen wirklich? Leider gibt es auch hier wieder keine eindeutige Antwort im Schwarz-weiß-Spektrum. Es gibt vielmehr Antworten in unterschiedlichen Grauschattierungen. Eines ist jedoch allen gemeinsam: Die Menschen der Altersgruppe ab 45 brauchen mehr Wertschätzung und Anerkennung.

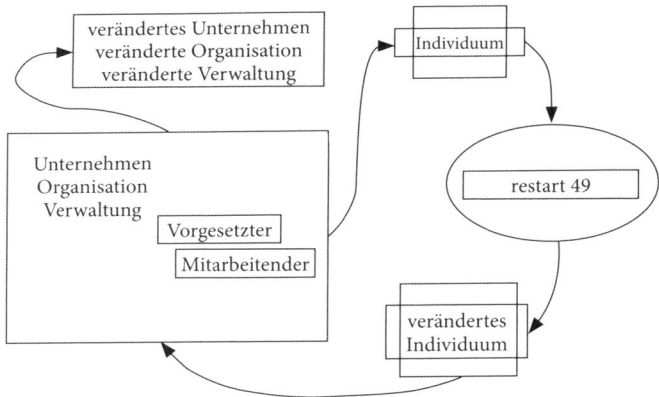

Abbildung 1: Alterssegment 45- bis 54-Jährige in einem Unternehmen

Die Idee des Programms

Die Menschen dieser Altersgruppe haben hier in Mitteleuropa keinen Krieg erlebt. Sie sind im Frieden aufgewachsen und haben mehr oder weniger intensiv den wirtschaftlichen Aufschwung, an denen ihre Eltern und Großeltern maßgeblich beteiligt waren, miterlebt. Sie haben gigantische Wachstumsschübe und Veränderungsprozesse erlebt und zum Teil mitgestaltet. Wunderbarer Wohlstand des Mittelstands hat sich etabliert.

In der Karriereentwicklung ist es ähnlich. Die großen Schritte sind gemacht, jetzt gilt es, das Erreichte zu sichern und zu genießen. Doch

auch hier reicht die einfache Sichtweise nicht aus. Die Schnelllebigkeit
und immer kürzer werdenden Produktlebenszyklen verpflichten die
Menschen zum Wandel. Haben die Unternehmen und Verwaltungen
dem, außer der Forderung nach Leistungssteigerung, etwas entgegen-
zusetzen?

Die Organisationen können zwei große Geschenke machen, die
wenig kosten und viel bewirken. Es sind Anerkennung und Zeit. Die
beiden Geschenkideen sind bei weitem nicht gleich. Anerkennung ist
dabei der unumstrittene Anführer der beiden. Bei der Zeit gibt es Ein-
schränkungen. Zeit kann in der Regel nur in Verbindung als singuläres
Ereignis verschenkt werden. Das Angebot, das Arbeitspensum zu reduzieren, wird oftmals nicht als Geschenk, sondern eher als ein Angriff auf die eigene Leistungsfähigkeit angesehen. Wenn aber die Mitarbeitenden ein Seminar während ihrer Arbeitszeit besuchen dürfen
und dort Anerkennung und Wertschätzung erfahren, erleben sie es als
großen Gewinn. Besonders angenehm ist es für die Teilnehmenden,
wenn ein großzügiger Rahmen gewählt wird. Schon allein diese Tatsache erhöht massiv die Motivation und die Wertschätzung gegenüber
dem Arbeitgeber.

Inhalte des Programms

Es kann hier nicht um die detaillierte Beschreibung des Seminarablaufs
gehen. Vielmehr möchte ich die grundsätzlichen Ziele und das Vorgehen im Seminar ausfalten. Mit dem Auftraggeber wurde intensiv um
die Frage der Ziele in dieser intern angebotenen Veranstaltung diskutiert. Das Ergebnis lässt sich auf den Nenner bringen, ein Seminar
anzubieten, das den Teilnehmenden die Möglichkeit bietet, sich ihres
derzeitigen Standes im Unternehmen klar zu werden und aktiv in
ihre eigene Zukunftsgestaltung einzugreifen. Etwas nachrangig in der
Rangfolge soll die Wertschätzung des Unternehmens für diese Altersgruppe (indirekt) transportiert werden. Es konnte dem Auftraggeber
vermittelt werden, dass es nicht darum gehen kann, nach dem Ende der
Veranstaltung vieles anders zu machen, denn sonst wäre bisher vieles
schiefgelaufen, was bei einer erfolgreichen Bewältigung der Vergangenheit kaum wahrscheinlich sein dürfte. Deutlich wurde auch die Mög-

lichkeit besprochen, dass einige wenige Teilnehmende zur Erkenntnis gelangen können, dies sei nicht (mehr) der richtige Arbeitgeber, und die Kraft haben werden, persönliche Konsequenzen zu ziehen. Dies wurde vom Auftraggeber akzeptiert, gerade auch deshalb, weil es für das Unternehmen nicht erstrebenswert ist, einen Mitarbeitenden mit wenig Leistungsbereitschaft und Motivation bis zur Pensionierung zu tragen. Die methodische Aufbereitung des Seminarangebots konnte zum Erreichen der Ziele frei gestaltet werden.

Wichtige Ziele sind: das Bewusstsein über die eigene Situation, die Selbstverantwortung und die Handlungsoptionen der einzelnen Menschen im Unternehmen zu erhöhen und die Organisation anzuregen, die systemischen Anpassungen vorzunehmen.

Mit dem Auftraggeber formulierte Ziele des Programms
- Durch die Erfahrungsnutzung, Weiterentwicklung und Motivation der Zielgruppe der 45- bis 54-Jährigen erschließt sich der Bereich Potential, Können und Engagement.
- Die Teilnehmenden sind sich ihrer beruflichen Situation bewusst und reflektieren diese bezogen auf die eigenen Kompetenzen und Zukunftsmöglichkeiten.
- Die Teilnehmenden erhöhen ihre Selbstverantwortung in Bezug auf die eigene Weiterbildung und Entwicklung und vergrößern dadurch ihre Selbstsicherheit.
- Die Teilnehmenden kennen die persönliche Arbeitszufriedenheit und planen Maßnahmen zur Erhaltung und Optimierung.
- Die Teilnehmenden erstellen eine Standortbestimmung.
- Die Erkenntnisse aus der Evaluation des Programms werden zur Organisationsentwicklung verwendet.

Der Zeitliche Rahmen wurde auf das absolute Minimum von einein-halb Tagen von Seiten des Auftraggebers begrenzt. Die Seminarhotels der gehobenen Mittelklasse wechselten je nach interner Organisation. Zwei Trainer betreuen zwischen 14 und 18 Teilnehmende in den Seminaren.

Wichtige Elemente im Programm

Vertrauen schaffen in der Gruppe und unter den Teilnehmenden ist
eine sehr wichtige Voraussetzung für den persönlichen Erfolg jedes
Einzelnen. Nur wenn ein hohes Maß an Verlässlichkeit und Zutrauen
aufgebaut werden kann, ist eine intensive Auseinandersetzung mit sich
und den anderen Gruppenmitglieder möglich. Gerade auch bei diesen
oft sehr persönlichen Wegen zu sich selbst und der eigenen Stellung im
Unternehmen ist der Rückhalt in der Gruppe von Gleichaltrigen sehr
hilfreich. Deshalb steigen wir in der Regel mit vertrauensbildenden
Übungen in Seminareinheiten ein. Es hat sich herausgestellt, dass es
großen Einfluss auf die Gruppe hat, wie wir beiden Trainer (wir sind
eine Frau und ein Mann im Alter der Teilnehmenden) auf die Menschen zugehen, die zu uns ins Seminar kommen. Ebenfalls eine wichtige Rolle spielt, wie wir selbst miteinander umgehen. Muss es da immer
Einigkeit geben oder sind auch Unterschiedlichkeiten erlaubt? Aber
dieses Thema des Trainerverhaltens wäre einen eigenen Beitrag wert.

Wir versuchen den Teilnehmenden von Anfang an zu vermitteln,
dass eine konstruktiv-kritische Haltung dem Seminar als Ganzes und
den einzelnen Personen gegenüber am Besten zum Erfolg gereicht.
Dies kann aber nur auf der Basis von Vertrauen erreicht werden. Wir
drücken ferner unseren Wunsch an die Teilnehmenden aus, mit den eigenen Äußerungen den anderen gegenüber einer positiven Einstellung
zu zeigen.

Konkret vereinbaren wir mit den Teilnehmenden absolute Vertraulichkeit. Die Seminarleitung betont, dass es darum geht, keine personenbezogenen Daten nach draußen weiterzugeben.

Wir empfehlen den Teilnehmenden, den Satz »Ich sage dies zu dir,
weil ich an deiner Entwicklung Interesse habe« sozusagen als Untertitel
bei ihren Äußerungen mitlaufen zu lassen.

Methodisch steigen wir mit einer soziometrischen Übung in das
Seminar ein, bei der sich die Teilnehmenden vom ersten Moment an
über private Daten austauschen müssen. Jeder kann und muss Stellung
beziehen. Selbstverständlich machen auch wir im weiteren Verlauf
die Erfahrung, dass es leichter ist, von der selektiven Offenheit in der
Kleingruppe zur Aufgeschlossenheit im Plenum zu gelangen.

Bevor wir zur offiziellen Begrüßung kommen, nähern wir uns dem

Seminarthema, indem die Teilnehmenden in Kleingruppen an Thesen arbeiten, die mit den Zielen des Seminars in unmittelbarer Verbindung stehen.

Konkret geben wir den Teilnehmenden den Auftrag, sich mit der These »Mit 45 gehört man zum alten Eisen« auseinanderzusetzen.

Bis zu diesem Punkt wurden alle Übungen im Stehen durchgeführt, um die Dynamik des Einstiegs ein wenig aufrechtzuerhalten Jetzt endlich dürfen sich die Teilnehmenden setzen.

Während der offiziellen Begrüßung stellen sich die Seminarleiter vor und klären die organisatorischen Fragen. Wir vereinbaren Vertraulichkeit und andere Regeln des Umgangs miteinander.

Anschließend folgt eine Vorstellungsrunde der Teilnehmenden mit ihren Erwartungen und ihren eigenen Beiträgen an die Veranstaltung. Gleich im Anschluss daran wird in Kleingruppen darüber gesprochen, wie die Vorbereitungsarbeiten mit den jeweiligen Vorgesetzten abgelaufen sind. Wir betrachten mit dem Auftraggeber zusammen die Einbindung der Vorgesetzten als besonders wichtig, denn im günstigsten Fall ist das Ergebnis der persönlichen Standortbestimmung auf die Unternehmung wirksam. Einen Einfluss hat es ohnehin. Die Frage ist nur, wie stark dieser Einfluss auf die Unternehmenskultur ist, oder andersherum ausgedrückt: Wie stark werden die Einflüsse von der herrschenden Kultur abgewehrt? Die Frage nach der Veränderung der Unternehmenskultur ist selbstverständlich von unzähligen beeinflussbaren und weniger beeinflussbaren Faktoren abhängig und kann nur durch wissenschaftliche Untersuchungen in Annäherungen beantwortet werden. Auf der Mikroebene der Abteilung im Unternehmen, also im Dialog des Teilnehmers mit dem Vorgesetzten und den Kollegen, hat schon die Vorbereitung auf das Seminar positive Wirkung gezeigt.

Die Kernkompetenzen, die durch wissenschaftliche Studien nachgewiesen wurden, werden jetzt von der Seminarleitung vorgestellt, worauf unmittelbar die erste persönliche Einzelarbeit folgt.

Die Übungen und Gespräche in den Kleingruppen haben Vertrauen und Solidarität unter den Teilnehmenden geschaffen. Aussagen der Kursleitung wie »Es wäre schön, wenn bei Ihren Äußerungen anderen gegenüber das Anliegen zu spüren ist, dass Sie mit Ihrem Hinweis an der Entwicklung des Anderen interessiert sind« oder »dass wir alle vereinbart haben, keine personenbezogenen Daten nach außen zu tragen«

haben die Vertraulichkeit angehoben und Sicherheit im Umgang mit den eigenen, oft sehr privaten Äußerungen geschaffen. Damit ist der Boden bereitet, um sich erstmals intensiv mit sich selbst zu beschäftigen und Teile dieser Auseinandersetzung anderen mitzuteilen.

Die Vorgaben sind, sich anhand des Drei-Welten-Modells Gedanken zu machen und diese aufzuschreiben. Möglicherweise ergeben sich daraus Erkenntnisse. Wenn es beispielsweise die Erkenntnis gibt, dass die handelnde Person in schwierigen Situationen ähnlich handelt, ist es wahrscheinlich, dass sich Verhaltensmuster ausgeprägt haben. Dabei spielt eine große Rolle, aus den erkannten Verhaltensmustern Einsichten zu erlangen, die auch im heutigen Kontext der Person relevant sind. Durch das Erkennen von Verhaltensweisen aus der Vergangenheit, die bei den heutigen und künftigen Umgebungsbedingungen keinen Sinn mehr ergeben, wird es möglich, sich von diesen Verhaltensmustern zu verabschieden. Dies kann zu Verunsicherungen führen, da manchmal das bekannte Verhalten über viele Jahre eingeübt wurde und sich durch die fortwährende Replikation fest eingeprägt hat. Verhaltensvarianten sind dann schwer umsetzbar.

Wir gehen dabei von dem Grundsatz aus, dass sich Veränderungen vorwiegend an Brüchen im Leben ergeben. Wendepunkte im Dasein des Einzelnen bieten die Chance, etwas anders zu machen; entweder ein komplett anderes Verhalten zu erlangen oder das bisherige Verhalten zu modifizieren. Auf der Basis dieser Voraussetzungen stellen wir die Aufgaben, sich einschneidende Erlebnisse zu vergegenwärtigen und die jeweilige Wirkung in die beiden anderen Welten zu betrachten.

Zur Illustration dieser schweren Aufgabe gebe ich in der Regel ein eigenes Beispiel: Meine Mutter starb, als ich 17 Jahre alt war und ich mich am Ende des ersten Lehrjahres befand. Das ist das Ereignis in meiner Beziehungswelt. Die Wirkung auf mich als unreifen Erwachsenen oder auch Endpubertierenden war gewaltig. Meine Persönlichkeitsentwicklung nahm einen gewaltigen Sprung nach vorn. Meine Beziehung zu meinem autoritären Vater veränderte sich markant. Die Lehre brach ich ein halbes Jahr später ohne Abschluss ab. Erkenntnisse dieser Lebenskrise hatte ich erst sehr viel später.

Die Ergebnisse aus der Arbeit der Teilnehmenden mit der eigenen Situation lösen häufig große Betroffenheit aus und sind zum Teil sehr berührend. Viele Seminarteilnehmer machen das zum ersten Mal und sind sehr erstaunt über ihre Erkenntnisse. Oft wird den Menschen klar, dass es über lange Zeit eine ungute Verschiebung der unterschiedlichen Welten gab und oftmals auch noch gibt.

Vielfach ist bei den Männern die Rangfolge der Lebenswichtigkeiten Professionalität (Beruf), die ganz persönlichen Interessen und am Ende der Reihenfolge die Beziehungen inklusive Familie mit Kindern festzustellen. Bei den Frauen gibt es auf den mittleren Hierarchieebenen eine andere Wertung: Hier stehen die Beziehungen an erster Stelle, gefolgt von der Berufstätigkeit. Die ganz persönlichen Ziele und Wünsche bilden das Ende auf der Rangliste.

Erläutert sei dies an einer Abwandlung des Drei-Welten-Modells des Instituts für Systemische Beratung (Abb. 2).

Ausgeglichene Situation der drei Welten

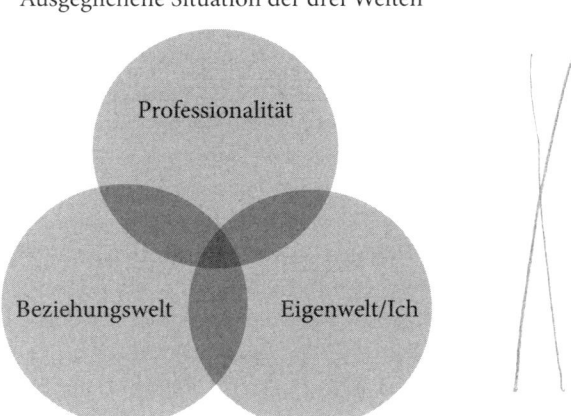

Abbildung 2: Drei-Welten-Modell des Instituts für Systemische Beratung

Erfahrung: Die Erfahrung aus der Arbeit mit der Zielgruppe der 45-bis 54-Jährigen in den Unternehmen hat gezeigt, dass vorwiegend die Führungskräfte in diesem Alterssegment kaum zwischen den eigenen und den Bedürfnissen, die aus den Kontakten im Sozialsystem entstehen, differenzieren können. Bei einigen Bedürfnissen ist eine Trennung eindeutig. Gleitschirmfliegen ist in der Regel ein Ich-Bedürfnis. Die riesigen Grauzonen von eigenen Bedarfen und derer, die aus dem Umgang mit anderen Menschen entstehen, sind an einem Beispiel gut zu veranschaulichen:

Gefragt nach dem eignen Wunsch, ob die 20-jährige Tochter aus dem elterlichen Haushalt ausziehen soll, konnte der befragte Vater (eine 54-jährige Führungskraft) keine konkrete Antwort geben. Weder ein Ja noch ein Nein waren zu hören. Vielmehr sagte er: Meine Tochter soll das nach ihren Wünschen entscheiden. Mir ist das Wohl meiner Tochter wichtig. Daran wird deutlich, dass dieser Vater nicht unterscheiden konnte, was er für das Wohlergehen seiner Tochter bereit ist zu tun und was er für sich selbst tun möchte. Die Antwort auf die Frage »Möchtest du, dass deine Tochter auszieht?« hätte auch sein können: »Ja, ich möchte, dass meine Tochter auszieht.« Dies hätte vorausgesetzt, dass der Vater beispielsweise die Tochter für reif und alt genug hält, das Leben voll in die eigene Hand zu nehmen, oder er hätte den Standpunkt eingenommen, er habe die fortwährenden Auseinandersetzungen satt und möchte sein Leben ohne die Anwesenheit der Tochter im eigenen Haushalt fortsetzen. Einerlei, welchen Begründung Grundlage der Entscheidung oder des Wunsches des Vaters ist, es bedarf einer klaren Haltung zu den eigenen Vorstellungen der Lebensgestaltung, um einen ebenso klare Aussage zum Verbleib oder zum Abschied der Tochter aus der Lebensgemeinschaft zu treffen.

Das Beispiel beschreibt einen eher für die betriebliche Relevanz unerheblichen Zustand, denn es ist voll und ganz dem privaten Umfeld zugeordnet. Wenn dieser Vater aber beispielsweise für die innerbetriebliche Ausbildung ist, kann diese Rollenunklarheit durchaus zu Friktionen im betrieblichen Alltag führen.

Für diese intensive Arbeit nehmen wir uns ausreichend Zeit, bevor dieses Thema in der Kleingruppe weiter bearbeitet wird.

Die Teilnehmenden wählen zwei Menschen, mit denen sie in eine intensive Gruppenarbeit einsteigen. Das Setting wurde am Institut für Systemische Beratung in Wiesloch entwickelt und hat in zahlreichen Workshops und Seminaren große Wirkung entfaltet.

Konkret: Die erste Person berichtet über die Ereignisse seines Lebens und die daraus gewonnenen Erkenntnisse. Die anderen beiden Personen machen sich Gedanken und Notizen und stellen diese der erzählenden Person zur Verfügung. Die erzählenden Personen haben zu jeder Zeit die Möglichkeit auszuwählen, welche Ereignisse sie der Kleingruppe zur Verfügung stellen. Bei den Beiträgen der Zuhörer geht es explizit nicht um Ratschläge.

Nach dieser Übung wird von jedem der Teilnehmer eine individuelle Kompetenzenlandkarte angefertigt.

Wir verteilen noch ein Papier zur gesundheitlichen Situation der Altersgruppe mit dem Auftrag, es während der Abendstunden zu lesen.

Zum Tagesabschluss besucht uns der Auftraggeber im Tagungshotel, stellt die Wichtigkeit dieser Mitarbeitergruppe für das Unternehmen heraus und lädt zum Abendessen ein. Als Zeichen der Wertschätzung werden auch die Getränke an der Bar vom Auftraggeber übernommen.

Der Morgen beginnt mit leichten Körperübungen, die auch von sportlich ungeübten Menschen ausgeführt werden können.

Übung: Qui-Gong-Übungen im Freien für ca. eine halbe Stunde.

Das Thema Gesundheit der Menschen im Alter ab 45 wird nur einen sehr bescheidenen Teil des Vormittags am zweiten Seminartag einnehmen, denn dieser Themenbereich kann nicht angemessen innerhalb dieser zeitlichen Möglichkeiten behandelt werden. Deshalb beschränken wir uns auf die eher lockere Auflistung der Teilnehmenden, was sie für ihre Gesundheit bereits aktiv tun. Diese Übung soll allen Seminarteilnehmern Anregungen bieten, selbst etwas (mehr) für ihre Gesundheit zu unternehmen. Es soll deutlich werden, dass jeder auf seine Gesundheit aktiv Einfluss nehmen kann und Eigenverantwortung übernehmen muss. Wir als Trainer haben dabei durchaus den Anspruch, an die Teilnehmenden zu appellieren, sich für ein verbessertes Verhältnis von Reduktion des Arbeitsstresses, Ernährung und Bewegung einzusetzen, damit das körperliche Wohlbefinden entweder wiedererlangt, erhalten oder verbessert wird.

Ein weiterer wichtiger Programmpunkt ist das eigene Verhältnis zu den beruflichen Ausbildungs- und Karriereschritten. In einem weiteren Input der Seminarleitung werden die beruflichen Lebenszyklen in Anlehnung an die Arbeiten von Edgar Schein den Teilnehmenden vorgestellt. Aus Sicht der Seminarleitung und des Auftraggebers ist es von Bedeutung, dass die Menschen im Unternehmen im Einklang mit den beruflichen Entwicklungsphasen und den dazugehörigen Verhaltensweisen leben. Mentorenfunktion kann nur jemand übernehmen, der Erfahrung sowohl auf der fachlichen Ebene sowie auf der Netzwerkebene hat. Das heißt aber nicht, dass jemand, der diese beiden Kompetenzen in sich vereinigt, schon automatisch ein guter Mentor ist. Methodisch-didaktische Fähigkeiten sollten die o. g. Kompetenzen ergänzen. Berufliche Lebenszyklen beschreiben beispielsweise die starke Karriereorientierung im frühen und mittleren Berufsleben, die von Weitergabe des Wissens und Schaffung von Synergieeffekten im fortgeschrittenen Berufsleben abgelöst wird. Die professionellen Ausrichtungen und Orientierungen gehen im gelungenen Berufsleben mit persönlichen Entwicklungsstufen einher und ergänzen sich gegenseitig. Falls das nicht so ist, entstehen interpersonelle Disharmonien, die anfangs zu Unzufriedenheit und später zu Demotivation und/oder Krankheit führen.

Ein Bewusstsein darüber herzustellen und möglicherweise Lösungsvarianten zu überlegen, ist das Ziel dieser theoretischen Anregungen und der Übung.

Die Überleitung zu der Lektion der Evaluation der eigenen Energiespender ist auf der Basis der vorangegangenen Übungen einfach. Auch hier gehen wir wieder von der systemischen Betrachtungsweise aus und beziehen nicht nur das berufliche Umfeld, sondern auch die persönliche Umgebung des Individuum mit ein. Besonderes Augenmerk legen wir auf die Faktoren in der Organisation, denn das ermöglicht den Teilnehmenden zum wiederholten Male, den Gedanken der Entwicklung der Unternehmung aufzunehmen und aktiv mitzugestalten.

Mit diesem Blickwinkel ist der Reifegrad der Organisation gut erkennbar.

Im Anschluss daran werden von den Teilnehmenden Lernpartnerschaften gebildet, die unterstützend bei der Umsetzung der neu gewonnenen Erkenntnisse wirken sollen.

Nachdem wir humorvoll das ernste Thema der derzeitigen demographischen Entwicklung in Europa und den USA dargestellt und bearbeitet haben, befassen wir uns nun mit den Erkenntnissen der bisherigen Inputs und Übungen.

Die Erfahrungen und Erkenntnisse sollen in Handlungsoptionen umgesetzt werden. Die klare Sicht auf die aktuelle Situation kann aber auch dazu führen, dass ein neues Bewusstsein über die persönliche Zufriedenheit mit der beruflichen Konstellation entstanden ist. Sowohl bei den Menschen, die Handlungsoptionen erarbeiten möchten, wie auch bei den Personen, die mit der augenblicklichen Situation zufrieden sind, gilt es, Zukunftsszenarien zu entwickeln. Bei den Einen geht es um das Herausfinden von Möglichkeiten, die kommende Zeit umzugestalten, während die Zufriedenen Faktoren suchen, welche auch noch in der nahen und etwas ferneren Zukunft positive Wirkung entwickeln und somit die aktuelle Zufriedenheit aufrechterhalten. Es ist sinnvoll, die Perspektiven Privatperson, Mitarbeitender und Führungskraft mit dem jeweiligen Rollenverständnis als Bearbeitungsebene zu verwenden.

Das letzte Drittel des Tages wird auf diese Weise verbracht. Die erstaunlichen Ergebnisse spiegeln sich in den Schlusssätzen der Teilnehmenden wider, von denen hier nur einige in der Originalversion aufgelistet werden:

- Ich bin nicht allein mit meiner momentanen beruflichen Situation. Es lohnt sich, weiter an mir und an der beruflichen Zukunft zu arbeiten.
- Mir ist bewusst geworden, dass ich nun definitiv mehr Zeit in die privaten Beziehungen investieren muss, um im letzten Lebensabschnitt davon zu ernten.
- Brüche im Lebenszyklus = Entwicklung (Möglichkeit für Entwicklung).
- Wenn für mich die drei Punkte Privatleben, Arbeit und Finanzen im Gleichgewicht sind, stimmt es für mich.
- Loslassen, aktiv bleiben.

- An mich glauben! Nicht nur Fäden spannen, sondern Zielen nachgehen und realisieren. Nicht immer denken: Was wäre, wenn? Etwas für die Zukunft aufbauen.
- Selbstbewusst werden – nichts persönlich nehmen – gesund leben – aktiver am Wochenende sein – bewusster leben.
- Ich werde aktiver. Ich packe Probleme an und diskutiere sie mit meiner Frau/meinem Sohn/meinem Mitarbeiter. Ich bilde mich weiter.
- Mehr auf meinen Körper hören.
- Ich nehme viel mit! Aber ich muss zuerst alles in Gedanken setzen lassen. Und dann, erst dann kann ich die verschiedenen Aspekte in Angriff nehmen. Das werde ich auf alle Fälle tun.
- Ich werde mich aktiver mit meinen Arbeitskollegen, mit meiner Arbeit und meiner Familie auseinandersetzen.
- Beruf und Privates unter einen Hut bringen. Private Probleme zu Ende führen! Mehr Konsequenz und weniger Selbstmitleid.
- Aktiver mein Know-how ins Team einbringen und damit noch mehr das Team stärken.
- Ich will vermehrt den bereichsübergreifenden Kontakt suchen. Und zwar wenn immer möglich, telefonisch oder persönlich und nicht per Mail (Beispiel Kundenumfrage per Mail).
- Meine eingeleiteten Maßnahmen sind richtig, das hat der Kurs bestätigt.
- Netzwerkerweiterung.
- Ich will vermehrt andere Sichtweisen einnehmen.
- Konzentration auf meine eigenen Verantwortlichkeiten, Bündelung der Energieeffizienz, Abgrenzung.
- Mir in Zukunft mehr Zeit nehmen, um ganz persönliche Fragen zu beantworten. Das war im Seminar sehr gut, ich war »gezwungen«, mir selbst kritische Fragen zu stellen. Hatte auch Zeit dazu.

Die Seminarserie wurde bisher nicht gründlich evaluiert. Von Teilnehmenden wurde berichtet, dass das Seminar gelobt und empfohlen wird. Vereinzelt ist uns zu Ohren gekommen, dass Teams umgestellt wurden und bei der Rekrutierung Dinge berücksichtigt wurden, die im Seminar angesprochen wurden. Das deutet darauf hin, dass nicht nur auf der persönlichen Ebene Veränderungsprozesse in Gang gesetzt wurden, sondern auch kleine Teile des Unternehmens verbessert wurden.

Die beschriebene Variante des Seminarangebots ist genau auf die Möglichkeiten des Auftraggebers zugeschnitten. Andere Unternehmen haben andere Bedarfe (Bedürfnisse) und bekommen anders designte Angebote. Alle Programme beinhalten jedoch vier Elemente:
- die Wertschätzung der Teilnehmenden durch das Unternehmen,
- ausreichend Zeit, um sich mit sich und den eigenen Rahmenbedingen einzulassen,
- Erhöhung der Eigenverantwortung und
- Nutzen für das Unternehmen.

Als besonders nachhaltig hat sich eine Form der Seminare herausgestellt, die zwei oder drei volle Tage für die Erarbeitung der aktuellen Situation ermöglicht und einen weiteren Seminartag nach drei bis sechs Monaten zum Erfahrungsaustausch und weiteren Motivationsschub beinhalten. Die Verbindlichkeit, die öffentlich genannten Veränderungsvorhaben zu verfolgen, steigt dadurch enorm.

Wünschenswert wäre eine sukzessive Veränderung der Unternehmenskulturen hin zu mehr gegenseitiger Akzeptanz der Generationen. Sozialromantik ist nicht angebracht. Notwendig ist auch die erweiterte Einsicht der 45+-Altersgruppe, mehr als bisher am Lernen auf allen Ebenen teilzunehmen. Den Führungskräften kommt dabei eine besondere Rolle zu; insbesondere auch den jungen Führungskräften, die reife Mitarbeitende zu führen haben.

Dies ist eine Möglichkeit, mit den Mitarbeitenden ab 45 umzugehen. Es ist sinnvoll, dieses Programm in die bestehende Personalentwicklung einzubinden. Das neue Verständnis von Gesundheitsmanagement wäre eine gute Möglichkeit, Angebote für reife Mitarbeitende zu integrieren. Gemeint sind natürlich nicht nur Gesundheitsvorsorgeprogramme für gewerbliche Mitarbeitende, sondern auch für Angestellte im Büro. Diese sind ebenso von Rückenproblemen und Herz-Kreislauf-Erkrankungen betroffen, wenngleich mit anderen Ausprägungen. Hier könnte das Programm eine Wegbereiterrolle für ein angemessenes Leben, entsprechend dem Alter, übernehmen. Wenn es keine strukturierte Personalpolitik mit entsprechenden Maßnahmen gibt, sollten die Bedingungen genau analysiert werden, unter denen ein derartiges Angebot an die Mitarbeitenden den größtmöglichen Nutzen erzeugt. Eine neue Überschrift, die für eine interessante Neuausrichtung der unternehmensinternen Förderung von Mitarbeitenden stehen könnte, heißt »lebensphasenorientierte Personalentwicklung«.

In jedem Fall gehe ich davon aus, dass die Mitarbeitenden in Zukunft länger arbeiten werden und die verbleibende Zeit im Unternehmen – für die heute 45-Jährigen sind es sicher noch 20 Jahre – nicht weniger wert ist als die Zeit zwischen dem 20. und dem 40. Lebensjahr. Warum auch. Die Haltung, die letzten Berufsjahre in der inneren Emigration oder auf dem Abstellgleis zu verbringen, ist weder für die Menschen noch für das Unternehmen gut. Für diese Altersgruppe stimmt der Untertitel eines Buches noch nicht: »Alte Menschen sind gefährlich, weil sie keine Angst vor der Zukunft haben« (Gross und Fagetti, 2008). Diese Situation kommt erst zu einem späteren Zeitpunkt im Lebenslauf. In Anbetracht des demographischen Wandels werden wir es uns künftig nicht mehr leisten können, auf das Wissen und die Kenntnisse der Netzwerke der »Alten« zu verzichten.

Die Unternehmen und Organisationen sind gut beraten, wenn sie sich frühzeitig mit wertschätzenden Angeboten für die beschriebene Zielgruppe befassen und solche anbieten. Es ist sinnvoll, im System verankerte Strukturen wie Arbeitszeitregelungen, Lohnsysteme, Gesundheitsvorsorge etc. zu überprüfen und künftigen Anforderungen anzupassen.

Literatur

Gross, P.; Fagetti, K. (2008). Glücksfall Alter. Alte Menschen sind gefährlich, weil sie keine Angst vor der Zukunft haben. Freiburg u. a.: Herder.
Schirrmacher, F. (2004). Der Methusalem-Komplott. München: Blessing.

Der Autor

Hans Tode (Jg. 1952) arbeitet als selbständiger Personal-, Organisationsentwickler und Coach. Ein Spezialgebiet ist die Förderung von älteren Mitarbeitern im Unternehmen.

»In meiner Arbeit gehe ich vom Entwicklungsgedanken und den immer vorhandenen Ressourcen der Menschen und der Systeme aus. Meine Hauptaufgabe sehe ich darin, Anregungen und Fachinhalte zu liefern und, verknüpft mit den Anforderungen der Kunden, Beratung und Prozessbegleitung anzubieten. Betriebswirtschaftliche Aspekte und Kostengesichtspunkte sind mir dabei ebenso wichtig wie meine humanistische Grundhaltung. Freude und Humor an der (Zusammen-)Arbeit machen mir das leben ein Stückchen leichter.«

E-Mail-Kontakt: kontakt@metacom-tode.de

Nele Haasen

Achtung – wir wechseln jetzt die Flughöhe!

Selbststeuerung in der Beratung

Drei übereinander fliegende Schwäne als Logo? Hübsche Idee, mal etwas anderes. Mit Beginn meiner Fortbildung zur systemischen Beraterin am Institut für Systemische Beratung in Wiesloch »schwante« mir noch nicht, dass die drei hübschen Vögel auch in meinem (Beraterinnen-)Leben einmal eine bedeutende Rolle spielen werden. Ich verdanke ihnen etliche Aha-Erlebnisse während meiner »Wiesloch-Zeit«, die über zwei Jahre hinweg regelmäßig eine wunderbare und anregende Auszeit von beruflichen und familiären Rhythmen darstellte.

Parallel zu Fortbildung beriet ich eine große und sehr komplexe Organisation bei der Einführung eines Mentoring-Programms. In jedem Wieslocher Beratungsbaustein konnte ich mir Anregungen und Inputs für diese Beratung erbitten und mit den Kollegen erarbeiten. Ich hätte die verschiedenen Klippen und Hürden dieser Beratung mit Sicherheit nicht so gut nehmen können, wenn mich dabei nicht viele Kolleginnen und Kollegen in der Ausbildung, Lehrtrainer … und drei Schwäne unterstützt hätten. Herzlichen Dank schon mal an dieser Stelle!

Die Metapher der drei übereinander fliegenden Schwäne unterstützt bei der professionellen Selbststeuerung in der Beratung (und nicht nur da!).

Der erste Schwan steht sinnbildlich für das eigene Handeln. Auf dieser Flughöhe erlebe ich Aktionen und Reaktionen meiner Kunden, beziehe mich darauf und handle so, wie ich es in dem Moment für angemessen halte.

Der zweite Schwan fliegt über dem ersten, schaut diesem beim Handeln zu und reflektiert darüber: Ich beobachte das Verhalten meiner Kunden, stelle eine Diagnose und ziehe Hypothesen. Mir fallen Modelle ein, mit denen ich das Verhalten meiner Kunden und meinen Bezug darauf erklären kann. Tritt der zweite Schwan in Kommunikation mit dem ersten, so kann er ihm helfen, sein Handeln aufgrund der Hypothesen und Modelle zu steuern und intuitivem Verhalten kognitive Modelle beizusteuern.

Der dritte Schwan fliegt über den anderen beiden, schaut dem zweiten zu, wie er dem ersten zuschaut – und macht was dabei? Er denkt über die Diagnosen und Hypothesen nach sowie darüber, aufgrund welcher Kriterien, Haltungen, Wirklichkeitswahrnehmungen und Intuitionen der zweite Schwan eigentlich zu seinen Modellen und Diagnosen gekommen ist.

Ein wunderbarer Anspruch für eine Beratung – aber kommen wir da vor lauter Selbstreflexion und hochfliegenden Gedanken noch zur Beratung, zum Handeln, zum authentischen Sich-Beziehen auf unsere Kunden? Doch gemach, es muss ja nicht alles auf einmal stattfinden – langsames Ansteuern der geeigneten Flughöhe ist auch schon ein großer Gewinn. Lehrtrainer und -trainerinnen, Kollegen und Kolleginnen aus der Ausbildung oder auch Peergroups (siehe den Beitrag von Schwemmle und Singer in diesem Band) können dabei als Flugbegleiter oder mitfliegende Schwäne fantastisch unterstützen. Am Beispiel des Mentoring-Programms in der genannten Organisation sei dieser Prozess illustriert. Im Mentoring werden (meist) junge Führungskräfte von älteren internen oder externen Kollegen über einen gewissen Zeitraum unterstützt. In persönlichen Vier-Augen-Gesprächen können die jüngeren Mentees ihre ganz persönlichen beruflichen Themen, Schwierigkeiten und Fragestellungen mit ihren Mentor/innen besprechen und individuelle Lösungswege erarbeiten. Viele Unternehmen geben ihren Nachwuchskräften in systematischen Programmen die Gelegenheit, einen passenden Mentor oder eine passende Mentorin zu finden, und begleiten das eigentliche Mentoring durch ein passendes Rahmenprogramm. Externe Beratung wird dabei meist in der Konzeptphase und in der Einführung des Pilotprogramms in Anspruch genommen.

I

Das Besondere der Organisation, die das Mentoring mit meiner Unterstützung einführen wollte, war ihre Komplexität und die Mitwirkung vieler verschiedener Gremien an der grundsätzlichen Entscheidung, ob Mentoring in dieser Organisation überhaupt eingeführt werden solle. Ein Großteil der Beratungsleistung bestand deshalb darin, an diese sehr unterschiedlichen Gremien »anzudocken« und die jeweils wichtigen und passenden Informationen über Mentoring zu geben.

Der erste Schwan

In den ersten Gesprächen mit den verschiedenen Gremien stoße ich auf sehr konträre Ansichten. Während einige völlig begeistert sind und Mentoring für das genau richtige Instrument halten, sind andere äußerst skeptisch, befürchten einen hohen Aufwand bei der Organisation, unklare Auswahlverfahren, Mauscheleien und die Verstärkung von »Seilschaften«. Viele haben wenig Vertrauen in die Kompetenz der eigenen Führungskräfte als Mentor/innen. Ich reagiere, indem ich einfach zuhöre, die Befürchtungen zu verstehen suche, und gebe Beispiele von anderen Organisationen und Unternehmen, bei denen Mentoring gut funktioniert, Nutzen und Sinn stiftet.

Der zweite Schwan

Ich bilde während und nach den einzelnen Gesprächen Hypothesen, aufgrund derer ich handle:
Reframing: Befürchtungen geben wertvolle Hinweise. Einige Kritiker haben wirklich viel Erfahrung mit ihrer Organisation und können interessante Anregungen weitergeben, auf welche Knackpunkte wir bei der Einführung des Programms besonders achten müssen. Denen, die die Geduld mit den »Nörglern« zu verlieren drohen, versuche ich den Nutzen vor Augen zu führen, den wir aus den kritischen Hinweisen ziehen können. Den Kritikern begegne ich mit Wertschätzung für die Inhalte und ihre Mitwirkung am Prozess. Solange sie ihre Kritik

äußern, sind sie im Boot – außerhalb stehen und im Hintergrund In-
trigen spinnen, wie in der Organisation offenbar nicht unüblich, wäre
schlimmer.

Rollenklarheit: Ich bin Fachberaterin für Mentoring und gleichzeitig
Moderatorin der Gespräche zwischen den einzelnen Gruppierungen.
Das ist manchmal eine anstrengende Doppelrolle: Als Beraterin fühle
ich mich mehr zu den Befürwortern des Programms hingezogen und
bin immer wieder in der Situation, die Kritikern überzeugen zu wollen.
Als Moderatorin handle ich prozessorientiert und achte darauf, dass
ich alle gleichermaßen wertschätze und zu Wort kommen lasse. Ich
versuche, diese Rollen deutlich zu benennen, und fordere die Kritiker
auf, mir Rückmeldung zu geben, wenn sie mich parteiisch erleben.

Berater-Imkompetenz-Gefühle: Auch nach mehreren Gesprächen
habe ich Mühe zu verstehen, wer was entscheiden darf, wer in welcher
Form Mitsprache hat (oder gern hätte) und was die Kriterien sind, aufgrund derer über die Einführung von Mentoring entschieden wird. Ich
fühle mich inkompetent – und traue mich dann gegenüber der Projekt-
leiterin, meine »Imkompetenz« zu offenbaren. Es stellt sich heraus, dass
ich nicht die Einzige bin, die nicht weiß, wie die Mitsprache eigentlich
geregelt ist. In der Folge begleitet uns die Frage, wer bei welchen Aspekten der Organisation welche Mitsprache hat, als Dauerthema und
bringt auch innerhalb der Organisation mehr Klarheit.

Der dritte Schwan

Ich spüre zunehmende Verwirrung über die Komplexität dieser Organisation und habe das Gefühl, mir geraten wichtige Aspekte aus dem
Blick. Handle ich »richtig«, so wie ich handle? Zum Glück haben wir im
Rahmen der Berater-Fortbildung am ISB die Möglichkeit, eine »Werkstatt« über ein Beratungsthema anbieten zu dürfen, und ich bin froh,
Interessierte an meinem Beratungsauftrag zu finden. In verschiedenen
Bausteinen habe ich die Möglichkeit, Aspekte meines Auftrags mit Kol-
leg/innen zu hinterfragen – und zu den wichtigsten Fragen gehört eben
immer die Selbststeuerung. Um mehr Klarheit in mein Bild von diesem
Auftrag zu bringen, machen wir eine soziometrische Arbeit. Ich stelle
meine Kollegen so, wie ich die Bezüge der einzelnen Repräsentanten/

Gruppen in der Organisation empfinde. Sie teilen anschließend mit,
wie sie sich in der Organisation – und von mir – behandelt fühlen, wie
sie zu dem Thema stehen und welche Befürchtungen sie in Bezug auf
die Einführung des Mentoring haben. Mit gehen etliche Lichter auf:
über Gruppen, die ich »übersehen« habe, über meine Selbststeuerung
und meine innere Einstellung zu bestimmten Gruppen und Personen.
In der Folge gelingt es mir nicht immer, diesen Gruppen gerecht zu
werden, aber ich kann mir die Aufstellung geistig vergegenwärtigen
und meine Vorgehensweise überprüfen.

Die Aufstellung rückt ein bekanntes persönliches Thema in den Vordergrund: Muss ich alles steuern? Ich gebe innerlich die Verantwortung für viele Themen wieder an die zuständigen Personen zurück. Es
gibt einen leichteren Weg, zu Übereinstimmung zu gelangen, als einen
»ausgeklügelten Plan« von mir als Beraterin: Ich lasse die Menschen
mehr miteinander reden. Und zwar möglichst in kleinen Gruppen und
außerhalb ihrer Gremien. Dann zeigen sie sich sehr zugänglich und
weitaus konsensbereiter. Diese Tendenz gibt es auch in der Organisation, ich habe sie nur aufgrund meiner eigenen inneren Filter in ihrer
Bedeutung für den Prozess unterschätzt. In der Folge werden etliche
Kompromisse und Lösungen von den Beteiligten in kleinen Runden
gefunden, oft ohne dass ich dabei bin.

II

Im Verlauf der Informationsphase stand ein Meeting an, in dem eine
entscheidende Gruppe in der Organisation für das Mentoring gewonnen werden sollte. Einige Mitglieder dieser Gruppe waren Mentoring
gegenüber aber wenig aufgeschlossen oder lehnten es offen ab.

Der erste Schwan

Bevor ich ins Handeln komme, brauche ich selbst Beratung. Der erste
Schwan muss noch am Boden bleiben.

Der zweite Schwan

Ich habe Probleme mit meiner Rolle: Ich bin Beraterin und werde immer mehr zur »Vorkämpferin« für Mentoring. Das scheint mir zu liegen, aber es kommt mir nicht sehr professionell vor … Ich fühle mich äußerst unwohl in meiner Haut als Beraterin. Andererseits würde ich diese Gruppe schon sehr gern von Mentoring überzeugen.

Der dritte Schwan

Der dritte Schwan fliegt in Gestalt des Lehrtrainers Marc Minor über mir. In einem Telefonat hinterfragt er meine Selbststeuerung: Ist Überzeugen der richtige Ansatz? Menschen, die überzeugt werden sollen, fühlen sich meist gedrängt, überwältigt, gezwungen und gehen eher in die Defensive. Sie meinen, sie hören nur die halbe Wahrheit, und vermuten, dass irgendwo was faul ist. Wer überzeugt werden soll, wird meist skeptisch, weil er sich in seiner Kritikfähigkeit nicht gewürdigt fühlt. Wäre es nicht angemessener, so Marc, der Gruppe das Mentoring nur plausibel machen zu wollen? Ihnen die eigenen Argumente darzustellen und dann zu sagen: »Entscheiden Sie selbst, was Sie davon halten.« Das leuchtet mir ein – und entlastet mich ungemein. Jetzt fühle ich mich wieder in meiner Beraterinnenrolle wohl.

Der erste Schwan

Ich setze meine Erkenntnisse um: Ich mache vor meinem Vortrag deutlich, dass mein Ziel ist, der Gruppe meine Sicht auf Mentoring plausibel zu machen. Ich sage den Teilnehmern, dass ich sie nicht von Mentoring überzeugen will, sondern sie selbst entscheiden sollen, was ihnen einleuchtet und wo sie Schwierigkeiten sehen. Ich äußere mein Interesse an ihrer Sicht der Dinge und bitte sie, mir diese im Anschluss darzulegen, damit ich sie verstehen könne. Das Ergebnis ist sicht- und fühlbar: Etliche Teilnehmer lehnen sich in ihren Stühlen zurück, auf einmal scheint die Stimmung gelöster. Klar kommen am Ende meiner Präsentation noch Bedenken – aber keine grundsätzliche Ablehnung mehr, wie befürchtet. Nach einer sehr offenen Diskussion haben wir die ganze Gruppe im Boot – und sie sind freiwillig eingestiegen.

III

Ein letztes Beispiel für den Flug der drei Schwäne durch meinen Beratungsauftrag: Die Auswahl der Mentees hat sich als einer der wichtigsten Knackpunkte im Programm erwiesen. Jeder will beteiligt sein und fordert größtmögliche Transparenz. Ein bereits bestehendes Auswahlverfahren für Potentialträger gibt es nicht. Wir planen ein transparentes Verfahren, das alle Gruppen einbindet. Ein Workshop richtet sich an alle Beteiligten (ca. 25 Personen), die berechtigt sind, Vorschläge für Mentees zu machen. Sie sollen die Mentees nach einheitlichen Kriterien aussuchen und vorschlagen. Diese Kriterien sollen gemeinsam definiert werden. Die Schwäne fliegen los, diesmal geht der zweite Schwan voran.

Der zweite Schwan

Wie soll er dem ersten Schwan zuschauen, wenn der noch gar nicht losgeflogen ist? Wir tun einfach so, als flöge er schon. Meine Werkstatt-Gruppe stellt sich vor, das Seminar fände statt. Was brauchen die Teilnehmer, um offen miteinander zu reden und konstruktiv zu arbeiten? Wir finden:

- Spielregeln definieren, die einen konstruktiven Prozess bewirken können. Was wollen die Teilnehmer/innen nicht erleben und wie können sie es verhindern?
- Bunt gemischte Kleingruppen aus Vertretern verschiedener Gremien arbeiten zusammen. Mit jeder Fragestellung, die bearbeitet wird, wechseln die Zusammenstellungen der Kleingruppen. So kommen alle ins Gespräch miteinander.
- Perspektivenwechsel: Jeder muss für die anderen Gremien mitdenken. Bei manchen Fragestellungen sind die Gremien-Vertreter unter sich und machen sich Gedanken, nach welchen Kriterien ein anderes Gremium die Mentees aussuchen würde.
- Straffe Moderation bei Vielrednern, wenig Diskussion im Plenum.

Der erste Schwan

Die Umsetzung klappt: Gute Ergebnisse werden gefunden, es findet
viel Austausch statt. Und es wird viel gelacht. Am Ende gibt es viele
anerkennende Stimmen darüber, dass im Plenum wenig und in den
Kleingruppen viel geredet wurde.

Der dritte Schwan

Was sagt der dritte Schwan in diesem Fall? Manchmal ist die Antwort
wirklich schwer. Vielleicht freut er sich still und ist stolz auf die anderen beiden?

Das Programm ist – nach langer Vorbereitungsphase – tatsächlich ge-
startet. Es wurden tolle Mentees gefunden und ebenso gute Mentoren
und Mentorinnen, über die die Organisation ebenfalls verfügte. Nach
Abschluss wurde es von allen Seiten hochgelobt, eine Fortsetzung steht
an.

Fazit: Was bringt das Drei-Schwäne-Modell?

Die drei Schwäne stehen als Metapher für das Engagement in einer
Beratungssituation (erster Schwan), die Methodenkompetenz (zweiter
Schwan) und die Metaebene, auf der reflektiert wird, warum bestimmte
Methoden gewählt werden (dritter Schwan). Im Verlauf der Beratung
wurde mir bewusst, wie hilfreich dieses Modell ist, weil es Blickwinkel
aus unterschiedlichen Flughöhen auf das eigene Handeln ermöglicht.
    Mir hilft das Modell enorm, mein Handeln zu hinterfragen: Warum
greife ich zu diesem Modell? Warum fällt mir diese Vorgehensweise
ein, während andere eine ganz andere wählen würden? Was haben die
Modelle, Hypothesen und Diagnosen, die mir einfallen, mit mir, meinen Einstellungen und Prägungen zu tun?
    Oft ist es schwer, darauf alleine eine Antwort zu finden. Das Modell
legt nahe, sich in Peergroups Unterstützung zu holen: Besonders auf
der Flughöhe des dritten Schwans sind »Kopiloten« eine unschätzbare

Hilfe. Das Wissen und die Intuition von wohlmeinenden und wertschätzenden Peers ist ein unwahrscheinlich reicher Schatz.

Das Modell ist in meine Augen auch eine Art Qualitätsmanagement für Berater. Die Antworten auf die Fragen nach dem eigenen Handeln, die Diagnosen und Hypothesen zu hinterfragen und die Frage, warum man gerade auf diese Diagnosen und Hypothesen kommt, erhöhen die Qualität unserer beraterischen Leistung und kommen letztlich dem Kunden zugute. Sie erweitern den Handlungsspielraum und die Rollensicherheit des Beraters und davon profitiert nicht zuletzt der, der ihn einkauft.

Die Autorin

Nele Haasen lebt mit ihrer Familie in der Nähe von München und arbeitet als Trainerin und Coach. Ihr Spezialgebiet ist die Konzeption und Einführung von internen und Cross-Mentoring-Programmen.
E-Mail-Kontakt: nele.haasen@nelehaasen.de

Susanne Meyer, Thorsten Veith, Rebecca Wingels und
Ingeborg Weidner

Systemische Didaktik und Lernkulturentwicklung

Vorbemerkungen[1]

Wenn ich mit anderen zusammenarbeite, ist die Kultur, die ich mit-
bringe, geprägt von … Wenn ich auf eine sehr unterschiedliche Kultur
treffe, geht es mir folgendermaßen … Welche Rolle nehme ich dann
häufig ein? Was sind meine inneren Balancestrategien und äußeren
Verhaltensweisen in unübersichtlichen und bedrängenden Situationen? Umbrüche in meinem Leben und in der Organisation, der ich
zugehöre, haben letztlich Folgendes gebracht …

Mit diesen Fragen starten die Teilnehmer eines Workshops auf
einem Beratungs- und Managementkongress in eine gemeinsame
Gruppenarbeitsphase. In diesem vom ISB gestalteten Workshop geht
es um Unternehmenskulturentwicklung durch Dialogkultur. Anhand der Leitfragen machen die vier bis fünf Teilnehmer der Untergruppe zunächst jeder für sich eine Selbstdarstellung. In der zweiten
Phase stellt ein Teilnehmer der Gruppe seine Selbstbeschreibung vor.
Die anderen Gruppenmitglieder spiegeln dem Vorstellenden ihre Reaktionen, eigenen Intuitionen, Bilder, Metaphern und Assoziationen,
die während des Zuhörens entstehen. Ohne den Anspruch auf »richtig
oder falsch« kann der Vorstellende die Rückmeldungen und Spiege-

---

1 Dieser gesamte Beitrag ist aus dem Kontext des ISB entstanden. Wir verzichten aus Gründen der besseren Lesbarkeit auf detaillierte Quellenangaben.
Die Inhalte stammen aus dem Didaktikreader des ISB, aus der Handbuch-
reihe »Systemische Professionalität« von Dr. Bernd Schmid, aus Gesprächen
und Gesprächsmitschnitten mit Dr. Bernd Schmid und den Lehrtrainer-
innen am ISB.

lungen aufnehmen und für sich prüfen. Danach wechseln die Rollen und ein weiterer Teilnehmer der Gruppe präsentiert und erhält Rückmeldung. Sogenannte Spiegelungsübungen sind fester Bestandteil der Didaktik und Lernkultur am ISB.

Eine Spiegelungsübung auf einem Kongress in einem zeitlich begrenzten Rahmen für Personen anzubieten, die sich gerade erst kennengelernt haben, war eine besondere Erfahrung. Diese in den Weiterbildungen am ISB eingesetzte Übungsform dient einerseits der Gruppenpflege und macht andererseits Intuition als Ressource für Beratung und Coaching bewusst. Über den Austausch von intuitiven Bildern erfährt zum einen der Gespiegelte viel über Wahrnehmungen und Assoziationen, die er bei anderen auslöst, und er erhält Rückmeldung zu seinem persönlichen und professionellen Stil. Zum anderen wird sich der Spiegelnde über die bei ihm entstehenden Bilder in der Begegnung mit anderen Personen bewusst. Die Teilnehmer des Workshops beschrieben nach der Übung, wie intensiv und persönlich wirksam dieser Austausch für sie war. Verbunden mit einer wertschätzenden und respektvollen Rahmung der Übung entfaltete sich rasch die Lernkultur, die am ISB die Essenz der Curricula darstellt. Eine solche Übung könnte doch der Auftakt und Impuls einer ernst gemeinten Feedback-Kultur in Unternehmen sein, war das Fazit eines sichtlich bewegten Managers am Ende des Workshops.

Systemische Didaktik

Hintergrund

Lernen und Arbeiten
Zunächst bieten wir Personal- und Organisationsentwicklern, Beratern und Coaches sowie allen, die in ihrem professionellen Umfeld mit (Weiter-) Bildung zu tun haben oder sich als Fach- oder Führungskräfte für Konzepte und Methoden der systemischen Beratung interessieren, eine Einordnung und Einführung in das didaktische Konzept des Instituts für systemische Beratung (ISB) in Wiesloch.

Um eine Idee davon zu bekommen, an welchen gesellschaftlichen Entwicklungen und bildungsbezogenen Zielen die Didaktik des ISB vorrangig anknüpft, möchten wir den Lesern gern ein Bild anbieten, das im Laufe dieses Buches mit Leben gefüllt werden wird. An dieser Stelle soll es lediglich dazu dienen, einen Denkrahmen aufzuspannen. Einige Modelle und Konzepte eines Weiterbildungsinstituts im Bereich der Professions-, Organisations- und Kulturentwicklung werden dargestellt und in einen größeren Bezugsrahmen, die Bildungslandschaft und den damit verbundenen Entwicklungen und Herausforderungen, eingebettet.

Das Bild, das wir Ihnen anbieten möchten, ist jenes einer Landschaft, welche aus einzelnen Elementen besteht, die entweder natürlich gewachsen sind oder konstruiert und hergestellt wurden. Insgesamt ergeben diese Teile einen Landstrich, der eine bestimmte Atmosphäre ausstrahlt. Man kann nicht genau beschreiben, was diese Landschaft in ihren Einzelheiten ausmacht, was sie charakterisiert. Aber Viele könnten wahrscheinlich auf Anhieb sagen, ob sie sich dort wohlfühlen und niederlassen würden.

In dieser Landschaft findet man sich zwischen politischen Entscheidungen, Organisationen und Unternehmen sowie individuellen Lebens- und Sinnentwürfen wieder. Man kann aus dem Spektrum von Autobahnen bis Trampelpfaden wählen, um gelungene Verbindungen zwischen den größeren und kleineren Teilen dieser Landschaft herzustellen. Man kann sogar wählen, ob man diese Wege neu anlegt, verbreitert, überwuchern lässt oder kontinuierlich beschreitet und damit diese Landschaft mitprägt.

Dies sind die kleineren Teile dieser Landschaft, die jeden Tag gestaltet werden, damit ein Gesamtbild entstehen kann. Aber welchen Einfluss hat eine kleine Intervention auf das Klima und die Kultur dieser Landschaft?

Mit diesem Bild einer Landschaft möchten wir uns dem Kern nähern.

Das ISB ist spezialisiert auf die Qualifizierung von Professionellen im Organisationsbereich, daher richten wir den Fokus zunächst auf die Bildungslandschaft im Allgemeinen. Vor dem Hintergrund gesellschaftlicher Veränderungen wie z. B. der demographischen Entwicklung oder der Globalisierung (wir bitten zu entschuldigen, dass wir nicht alle »Megatrends« hier aufzählen können) wird es aus unserer Sicht eine besondere Herausforderung sowohl für den Einzelnen als auch für Organisationen in den nächsten Jahren sein, Komplexität zu reduzieren, um einen stärkeren Sinnzusammenhang zwischen eigenem Tun und dessen Konsequenzen herzustellen. Menschen werden, um Schritt halten zu können, eine stärkere Bewusstheit der eigenen Steuerung und ein Gefühl für die eigene Wirksamkeit im Gesamtstück ausbilden müssen, um sich zu professionalisieren. Menschen haben mehr und mehr mit Entgrenzung zu kämpfen. Das bedeutet für jeden Einzelnen, auszuwählen, *für was* er sich *wie lange, wem* und *wofür* mit seiner Arbeitskraft zur Verfügung stellen und dafür geeignete individuelle Strategien entwickeln möchte.

Auf Seiten der Unternehmen wird es mehr und mehr darauf ankommen, die Kommunikation zwischen den Menschen zu gestalten, statt zu strukturieren, damit die Identitätsbildung, die früher vielmehr durch äußere Bedingungen gerahmt war, sowohl auf Seiten der einzelnen Mitarbeiter als auch auf Seiten des Unternehmens nicht durch Abgrenzung erfolgt. Denn dabei könnte ein wesentlicher Teil der menschlichen Ressource ausgeklammert werden, die für das Unternehmen wichtig ist. Dr. Bernd Schmid, Leiter des ISB, formulierte auf einer Tagung des *forum humanum* (www.forum-humanum.eu) den Begriff »Integrationsverantwortung« als einen vielleicht wesentlichen Begriff dieses neuen Zeitalters (vgl. hierzu auch weiter unten).

Sowohl für den Einzelnen, als auch für Organisationen wird es darum gehen, relevante Lernbereiche für die Entwicklung und Qualifizierung zu ermitteln, damit zwischen den Bedürfnissen Einzelner, denen von Organisationen und von gesellschaftlichen Zusammenhängen ein Zusammenspiel in guter Weise entstehen kann. Diese Lernfelder können nicht mehr durch Standardlösungen gestaltet werden.

Es muss vielmehr auf einem hohen Abstraktionsniveau ein Gefühl für Zusammenhänge und die Wirkung von Interventionen auf Personen und Systeme entstehen – und zwar auf beiden Seiten. Vieles wurde in den letzten Jahren dezentralisiert, in eigene Projekte gegossen oder es wurden Berater engagiert, die es wieder richten sollten. Es ist heute nicht mehr zielführend, Teilperspektiven von Bildung in separaten Schulungen und Einrichtungen anzubieten, um die entsprechende Qualifikation für relevante Geschäftsbereiche zu erlangen. Dies ist zu teuer und nicht weitreichend genug. Lernen muss viel mehr im Prozess der Arbeit stattfinden (in Grundgedanken angelehnt an Schmid, 2006).

Bildung muss wieder in die Arbeit reintegriert werden. Damit werden Lernmöglichkeiten im Arbeitsprozess geschaffen, in denen Menschen durch Beispiele etwas über größere Zusammenhänge erfahren, in denen sie tätig sind. Sie können dann sowohl verantwortlich mit ihren Interventionen in der Organisation als auch eigenverantwortlich mit Ressourcen und persönlichem Sinnempfinden in zerstückelten Arbeitsprozessen umgehen. Da es nicht zu erwarten ist, dass Prozesse in Unternehmen überschaubarer und steuerbarer werden – weder im Laufe der Zeit, noch mit zunehmender Aufsplittung von Zuständigkeiten und Verantwortungen – brauchen wir eine andere Form der Überschaubarkeit. Das ISB hat hierfür ein didaktisches Konzept entwickelt, das wir im Folgenden näher beschreiben.

Um konkret und trotzdem transfernah lernen zu können, werden in den Weiterbildungen am ISB Lernbereiche ermittelt, die eine Relevanz für das größere Ganze im Kontext der Teilnehmer/innen haben. Dieses konkrete Lernbeispiel steht dann für eine Teilperspektive des Ganzen, das wiederum nicht nur Lernmöglichkeiten für dieses konkrete Beispiel beinhaltet, sondern auch auf anderen Ebenen wirkt. (Dieser Abschnitt ist in seinen Grundgedanken angelehnt an Schmid, Hipp und Caspari, 2004.)

Die Teilnehmer/innen am ISB bringen z. B. konkrete Praxisfälle in kollegialen Beratungen und Supervisionen ein, die durch das Design der Übung in ihrer Komplexität reduziert werden – man könnte sagen, sie werden in einzelne Kapitel eingeteilt. Anschließend wird in diesen Kapiteln genauer hingeschaut: Welche genannten Aspekte sind besonders relevant? Unter welcher Perspektive wäre eine Betrachtung eine gute Ergänzung für den Fallgeber? Unterstützt wird diese Fokusbildung durch die gelehrten Modelle des ISB, die als Steuerungshilfe dienen. So werden relevante Fokusse gesetzt, unter denen diese Situation näher betrachtet und bearbeitet werden soll.

Das heißt, in überschaubaren relevanten Beispielen entsteht durch die Methoden am ISB ein umfassenderes Verständnis für Verantwortung, Prozesse, die eigene Selbststeuerung und andere Steuerungsebenen in einzelnen Situationen, so dass später die Komplexität wieder erhöht werden kann. Wenn wir in unserem Beispiel bleiben, würde das heißen, dass durch die Auseinandersetzung mit einem Kapitel eines Buches (= einer konkreten Situation) ein tieferes Verständnis sowohl für das einzelne Kapitel als auch für das gesamte Buch (= z. B. Verhaltensmuster in professionellen Zusammenhängen) und dessen Aussage und Zusammenhang entsteht. An dieser Stelle wird auch das Transferthema angesprochen, das wir zum Ende dieses Kapitels noch einmal aufgreifen.

Dieses sogenannte fragmentarische Lernen stellt einen wesentlichen Bestandteil der Didaktik am ISB dar. Die Lernkultur spielt als didaktisches Mittel und Ergebnis des Lernprozesses eine übergeordnete Rolle.

Daher steht bei Interventionen, egal ob Weiterbildung einzelner Mitarbeiter oder Strukturveränderungen in Organisationen, immer die Auswirkung auf das Gesamtsystem im Fokus – hervorgerufen durch die Intervention am Fragment. Ist deutlich, welcher Effekt erzielt werden soll, kann daraus abgeleitet werden, welche Form des Lernens sinnvoll ist.

Apropos Kultur: Fragen Sie mal einen Fisch, was Wasser ist! (Vgl. Zitat von Irmina Zunker in einem Baustein am ISB.)

Kulturentwicklung, Professionalisierung, Qualifizierung
Das Lernkonzept des ISB wird hier mit drei zentralen Begriffen beschrieben. Diese werden im Sinne einer Definition vorgestellt, damit der Leser die Möglichkeit hat, die Beispiele in diesem Buch didaktisch einzuordnen.

Kulturentwicklung kann als Himmelszelt der Weiterbildung am ISB betrachtet werden: Durch die Art und Weise, wie am ISB gelehrt wird, tragen wir dazu bei, unserem eigenen Ziel, die Leistungsfähigkeit und die Identität einer Organisation mit der Leistungsfähigkeit und der Sinnerfüllung der darin arbeitenden Menschen in Bezug auf die Ziele und Strukturen der Organisation abzustimmen (vgl. Schmid, 2003/2004, S. 62), näher zu kommen. Kulturentwicklung ist damit sowohl Ziel als auch Medium der Curricula am ISB. In den Curricula wird über die Lernkultur die Möglichkeit geschaffen, Wesentliches besprechbar zu machen. Erst in einem zweiten Schritt werden dann die Inhalte relevant. Die Beispiele in diesem Buch beschreiben Kulturelemente, durch die dieser Transfer möglich wird.

Professionalisierung: Als Profession kann ein Beruf mit hoher Komplexität bezeichnet werden, der von dem Menschen verlangt, schöpferisch mit dieser Komplexität umzugehen. Professionalisierung meint dann, sich auf einen Entwicklungsweg zu begeben, der zum Ziel hat, dass sich eine Person in einer Profession zu Hause fühlt. Professionalisierung hat demnach insbesondere mit einer Auseinandersetzung mit dem eigenen Selbstverständnis und dem eigenen Können zu tun und ist damit im Wesentlichen die Auseinandersetzung mit den Facetten der eigenen Persönlichkeit und dem gelebten Berufsverständnis (vgl. Schmid, 2003/2004, S. 59 f.).

Ziel unserer Curricula ist es, eine professionelle Identität zu entwickeln, Rollen und Kontexte kennen zu lernen sowie die entsprechend professionelle Kompetenz herauszubilden. Professionalität meint hierbei immer eine personale Professionalität, das heißt eine Sammlung und Integration von Kompetenzen, die zu einer Person passen. Daher spielt die Integration und die Integrationskompetenz eine herausragende Rolle: Vielfältige Kompetenzen, Know-How und Ausrichtungen in die Welt hinein werden in der Person – bezogen auf die Welten, (vgl. das Drei-Welten-Modell der Persönlichkeit; © Schmid 1990; in: Schmid, 2003/2004, S. 65) in denen sie arbeitet – integriert.

Dr. Bernd Schmid hat dies auf die Formel Rollenkompetenz x Kontextkompetenz x Passung (vgl. Rohm, 2007, S. 85) gebracht. Wie hier deutlich wird, kommt dem Begriff »Rolle« eine besondere Bedeutung zu. In den vielfältigen Rollen, die Personen einnehmen, kommt immer auch ein Stück Persönlichkeit zum Tragen. Welche Rolle ein Mensch also in welcher Weise spielt und spielen möchte, ist entscheidend dafür, wer er ist.

Qualifizierung – die Kernkompetenz und das Tagesgeschäft des ISB. Unter Qualifizierung verstehen wir, Personen als Stellvertreter von Organisationen und damit als Kulturträger in dem Prozess zu begleiten, herauszufinden, an welchen Stellen Know-How nötig ist, um größere Zusammenhänge zu verstehen, Landkarten und Steuerungsvorstellungen zu entwickeln und durch die Form des Lernens Kulturentwicklung zu ermöglichen. Anstatt diverse Möglichkeiten zu beschreiben, wer sich mit welchem Fokus für was qualifizieren kann, werden an dieser Stelle nur zwei wesentliche Perspektiven betrachtet, die am ISB handlungsleitend sind: die Perspektive der Personenqualifizierung und die Perspektive der Systemqualifizierung. Systemqualifizierung beinhaltet Maßnahmen, die zur Optimierung des Systems beitragen. Dies können

Dinge der Ablauf- oder Aufbauorganisation sein oder auch Themen zur Team- und Führungskultur. Personenqualifizierung beinhaltet die Entwicklung von Kompetenzen in professionellen Rollen. Dazu gehören beispielsweise Maßnahmen, die die Kommunikation, Führung oder das Konfliktmanagement betreffen. Beides – Personen- und Systemqualifizierung – muss verschränkt betrachtet und spezifiziert werden. Systemintelligente Personenqualifizierung heißt dann, Personen so zu qualifizieren, dass sie zum Funktionieren des Gesamtsystems beitragen. Personensensible Systemqualifizierung heißt, das System so zu entwickeln, dass die Potentiale der Mitarbeiter optimal zur Geltung kommen (vgl. Schmid, 2002b).

»Systemlösungen« als Begriff in diesem Zusammenhang beschreibt die Orientierung, personen- und systemqualifizierende Maßnahmen in ein ausgewogenes Verhältnis zu stellen.

Durch die Qualifizierung am ISB wird sowohl der Blick auf diese beiden grundsätzlichen Formen der Qualifizierung geschärft, als auch gleichzeitig die eigene Rolle in diesem Prozess näher betrachtet. Die Teilnehmer/innen der Curricula befinden sich selbst in einem Prozess der Personenqualifizierung und schärfen den Blick auf systemqualifizierende Elemente. So entsteht ein gutes Zusammenspiel dieser beiden Perspektiven sowohl für die eigene Entwicklung als auch als Multiplikator, um ähnliche Prozesse beschreiben und begleiten zu können. Im ersten Jahr der Qualifizierung wird dabei meist verstärkt auf Personenqualifizierung fokussiert. Im zweiten Jahr steht der Systemeffekt im Fokus der Aufmerksamkeit und damit der vertikale Transfer (vgl. hierzu Bergknapp und Schmid, unveröffentl. Manuskript).

Im Wesentlichen ist das Qualifizierungskonzept geprägt durch den *(a) systemischen* und den *(b) wirklichkeitskonstruktiven* Gedanken.

(a) Einzelne Phänomene sind erklär- und verstehbar, wenn man sie als Teile einer komplexen Gesamtheit betrachtet. Das *Mobile* ist eine in diesem Zusammenhang häufig genutzte Metapher am ISB: Man schaut mit etwas Abstand auf die einzelnen Teile und es entsteht eine Idee, wie diese zusammen wirken. Berühren Sie ein Teil des Mobiles, bewegt sich das Ganze mit, das heißt, eine Intervention an einem Teil eines Systems hat immer auch eine Wirkung auf das Gesamtsystem.

(b) Unter der wirklichkeitskonstruktiven Perspektive verstehen wir, dass Menschen eine eigene Wirklichkeit gemäß ihren inneren Strukturen konstruieren, denen sie Bedeutungen zuweisen und auf deren Grundlage sie handeln. Das heißt zunächst recht banal, es gibt z. B. verschiedene Motivationen und Sichtweisen auf ein und dasselbe Projekt. Diese Kenntnis ist hilfreich, wenn man sich z. B. mit Wahrnehmungsgewohnheiten, Stilen und Passungsfragen beschäftigt.

Ein weiteres Bild für die Komposition der Weiterbildungselemente ist das des *Mosaiks*. Die einzelnen Lernerfahrungen der Bausteine[2] werden aneinandergereiht und ergeben erst in der Gesamtheit ihren Beitrag zur Professionalisierung. In der Zeit zwischen den Bausteinen erleben und erproben die Teilnehmer/-innen das Gelernte aus der Qualifizierung in der Praxis und bringen ihre Erfahrungen daraus wiederum mit ein.

Die konkreten *Konzepte und Modelle des ISB*, die in den Bausteinen als Steuerungshilfen angeboten werden, gelten als Teil des Mosaiks, um sowohl die Gesamtheit annähernd wahrnehmen zu können, die Wirkungen einzelner Intervention zu verstehen oder einzelne Teile des Mosaiks hervorzuheben. Am ISB werden wenige Methoden und übersichtliche Konzepte und Schaubilder genutzt, in denen maximal 2 bis drei Aspekte in den Mittelpunkt der Betrachtung treten. Die Selbststeuerung ist dabei immer Bestandteil dieser Konzepte und kann als Metaorientierung verstanden werden.

Das Lernkonzept

Lernziel aller Curricula des ISB in ihrer didaktischen Konzeption ist die personale Professionalität der Teilnehmenden. Die durch die Weiterbildung angestrebte professionelle Kompetenz wird nicht als Anhäufung von Wissenselementen verstanden, sondern als Integration vielfältiger Fähigkeiten in der Person bezogen auf die Welten, das heißt ihre Privat-, Organisations- und Professionswelt (vgl. das Drei-Welten-Modell der Persönlichkeit; © Schmid 1990; in Schmid, 2003/2004, S. 65). Die sich so herausbildende professionelle Identität ermöglicht

---

2   Die Qualifizierungen sind i. d. R. aufgebaut mit 6 x 3 Tagen im Abstand von ca. zwei Monaten zwischen den Bausteinen, über ein Jahr verteilt.

es dem Handelnden, sich in unterschiedlichen Rollen und Kontexten sicher bewegen zu können.

Im Rahmen einer Qualifizierung Vollständigkeit im Sinne einer Abbildung der Lebensfelder eines Menschen anzustreben, ist aufgrund der Komplexität nicht vorstell- und leistbar. Daher ist die Didaktik des ISB durch das schon erwähnte fragmentarische Lernen geprägt. »Fragment« meint einen Teil, der für das Ganze steht.

Der fragmentarische Ansatz in der Beratung setzt auf die Konzentration in beispielhaften Situationen und Szenen, in denen die Muster und Kulturelemente des Umgangs mit Problemen und Anforderungen – oder auch schlicht des Umgangs miteinander – deutlich werden. Hintergrund hierfür ist die Annahme, dass in jeder Facette einer Lebenssituation einer Führungskraft oder eines Mitarbeiters der gesamte kulturelle Hintergrund der Organisation aufleuchtet.

Hierin liegt aber nicht nur im Sinne einer Einbahnstrasse Material für die Kulturdiagnose einer Organisation: Kann in dieser Anforderungssituation Antwort auf die gestellten Fragen gefunden werden – also beispielhaft Sinn entstehen –, wirkt diese Lösung als gutes Beispiel sinnstiftend weiter in die Organisation hinein und kann den Hintergrund für Kulturentwicklung bilden (vgl. Zunker, 2002, S. 2).

Das hier zur Kulturentwicklung in Organisationen Gesagte lässt sich in gleicher Weise über das Arbeiten und Nutzen von Fragmenten im Rahmen von Lehr- und Lernprozessen sagen. Vor diesem Hintergrund nutzen wir in den Curricula qualitativ hochwertige Beispiele, die, über und durch das einzelne Fragment, das Ganze erahnen lassen. Das Arbeiten an und mit solchen Beispielen schafft eine Lernkultur, die wiederum – verbunden mit einer gemeinsamen Professionssprache und aktiv geförderter Ausbildung professionsspezifischer Intuition – die Gestaltung hochwertiger Lernsituationen prägt.

Dazu haben sich drei Elemente einer Bildungsarchitektur bewährt, die in ihrer Gesamtheit eine systemische Didaktik bilden und unsere Lernkultur prägen:

- deduktives Lernen (neu oder weiterentwickelte Konzepte und deren beispielhafte Anwendung),
- induktives Lernen (bewusst methodische und intuitive Arbeitsformen für supervisionsorientiertes Lernen und kollegiale Beratung)

- Kultur- und Persönlichkeitsarbeit (Pflege der Lerngruppen, Spiegelung persönlicher Entwicklung, Fragen professioneller Identität).

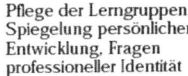
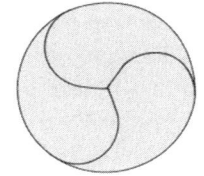

Neue oder weiterentwickelte Konzepte und
deren beispielhafte Anwendung

Pflege der Lerngruppen,
Spiegelung persönlicher
Entwicklung, Fragen
professioneller Identität

Bewußt methodische und
intuitive Arbeitsformen für
supervisionsorientiertes
Lernen und kollegiale Beratung

Abbildung 1: Bildungsarchitektur einer systemischen Didaktik

Kernelemente der Didaktik

Was gehört dazu, um gut kochen zu können? Nicht einfach und eindeutig zu beatworten.

Bei dieser Frage kommt es aus unserer Sicht vor allem auf den Bezugsrahmen und den Blickwinkel an. Wann, für wen, mit welchem Aufwand und Herzblut kocht jemand? Welches Repertoire steht zur Verfügung? Wie entscheidet sich jemand, es zu nutzen?

Manche Menschen kochen gern genau nach Rezept, manche orientieren sich an dem Rezept und verfeinern nach ihrem Geschmack. Für manche scheint es eine große Freude zu sein, eigene Genüsse zu kreieren, ohne sich an einem Rezept zu orientieren. Auch wenn diese Herangehensweisen verschieden sind, gibt es doch stets ein paar Grundprinzipien, an die sich jeder hält, weil sie ein gelingendes Kochen erst ermöglichen, z. B. Wasser kochen, um Nudeln zu garen.

Auch wenn strikt nach Rezept gekocht wird, kommt durch die individuelle Note jedes Kochs eine andere Variation des »gleichen« Essens heraus.

In welchem Zusammenhang steht nun dieses Bild zu unserem Lernkonzept?

Um das Lernkonzept in seinen Elementen konkret darzustellen, möchten wir das Lernen am ISB mit den Elementen des Kochens als schöpferischen Prozess und professionelle Kompetenz vergleichen.

Damit stellen wir nicht Lernen und Kochen an sich nebeneinander, sondern die Elemente und Möglichkeiten, um sich in einer Tätigkeit zu professionalisieren. Im Vordergrund des Vergleichs stehen hier die verschiedenen Durchdringungsebenen und damit die Erhöhung von Transparenz, Handlungsoptionen und Steuerungskompetenz, um verschiedene Ebenen des Lernens anschaulicher betrachten zu können.

Wie bereits oben in dem Modell beschrieben, besteht unser Lernansatz aus verschiedenen Elementen. Das deduktive Lernen findet programmgesteuert statt. Konkret bedeutet das, dass die Teilnehmenden ausgewählte Metaprogramme (»Kochprinzipien«) erlernen bzw. über diese Programme eine bestimmte Haltung und Sichtweise auf die Dinge annehmen. Unter Metaprogrammen verstehen wir Modelle, die in professionellen Situationen wichtige Perspektiven sichtbar machen und die Gestaltung passender und situationsspezifischer Vorgehensweisen fördern (z. B. die Theatermetapher). Diese Metaprogramme werden angereichert durch Steuerungsprogramme (»Kochrezepte«), die in konkreten Situationen eingesetzt und integriert werden können. Diese Programme in Form von Landkarten und Navigationshilfen werden über Impulsreferate präsentiert (z. B. mit dem Thema »Zirkuläres Fragen«). Welches Metaprogramm konkret im Curriculum gewählt wird, bemisst sich nach der Anschlussfähigkeit des Konzepts an praxisrelevante Fragestellungen. Wenn Modelle geliefert werden, dann eher, um das Kochen zu erlernen, anstatt sich ein Rezeptwissen anzueignen. Im Laufe des fortschreitenden Curriculums werden einzelne Modelle in den thematisch unterschiedlichen Bausteinen wiederholt didaktisch eingebunden. Diese sogenannten Lernschleifen erleichtern es, die Modelle in ihrer Variabilität zu erfahren und somit zuverlässig integrieren und folglich anwenden zu können. Da wir uns in der Konzeption und Entwicklung der verschiedenen Modelle stets an Kernbegriffen orientieren, enthalten die Modelle anschlussfähige Konzeptelemente, die wiederum die Modelle miteinander inhaltlich verknüpfen. So entwickeln die Teilnehmer im Laufe des Curriculums ein Netzwerk von Modellen und auch dies zeigt sich in der professionellen Praxis durch eine erhöhte Handlungsfähigkeit.

Über das konkrete Handeln, in Form von kollegialen und praxisnahen Lernformen, kann die Praxis (»Kochen«) in das Lernen transportiert und dabei können Lernen und Arbeiten integriert werden.

Dieses teilnehmergesteuerte Lernen über die Praxis bezeichnen wir als induktives Lernen.

Wenn ich also zu meinem Alltagskochen Rezepte hinzuziehe, kann ich damit bereits meine Praxis anreichern und variantenreicher machen – schlicht: Ich koche auch mal etwas anderes. Bleibe ich jedoch bei diesem Rezeptkochen, so kann ich die Gerichte nur immer in der vorgeschriebenen Weise zubereiten und eventuelle Misserfolge bleiben (zunächst) ohne Lerneffekt. Wird es mir jedoch möglich, die hinter den Rezepten liegenden Kochprinzipien zu erkennen, so werde ich mehr und mehr in der Lage sein, die Rezepte zu variieren oder selbst neue zu kreieren. Im Kern geht es darum, diese Ebenen grundsätzlich zur Verfügung zu haben und situativ angemessene bewusste Wechsel zwischen den Varianten vollziehen zu können.

Steuerungskonzepte und Lernprozesse sollen im induktiven Lernprozess durchgängige Schleifen vom Konkreten zum Abstrakten und zurück vorsehen.

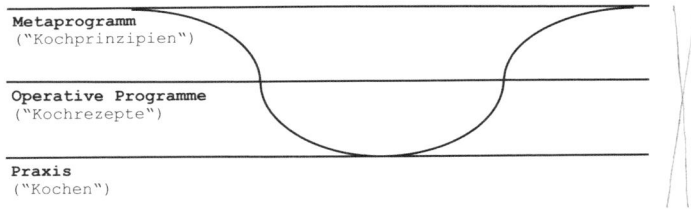

Abbildung 2: Zusammenspiel von induktivem und deduktivem Lernen

Das Zusammenspiel von induktivem und deduktivem Lernen lässt sich als ein Mäandrieren zwischen drei Ebenen beschreiben (siehe Abb. 2). Ausgehend von der Praxis zeigt sich in der Analyse des konkreten Tuns die Logik einer Handlungskette, die Steuerungslogik des Handelnden. Die Reflexion dieser Steuerungslogik wiederum macht deutlich, wie vielschichtig und umfassend die unterschiedlichen Elemente von Handeln in kontextgebundenen Situationen berücksicht wurden. In dem Moment, da in einer Situation Schwierigkeiten auftreten, bzw. das gewünschte Ergebnis sich nicht einstellt, lässt sich das bisherige Vorgehen mit Hilfe geeigneter Metaprogramme überprüfen und lösungsorientiert neu ausrichten.

Wie in dem ersten Modell über die Dreiteilung unseres Lernansatzes beschrieben, ergänzen wir die beiden Lernformen – deduktives und induktives Lernen – durch Persönlichkeits- und Kulturarbeit. Hier werden Lernsettings initiiert, in denen sich die Teilnehmer/innen wesensgemäß über Kreativität und Intuition begegnen. Die Teilnehmer/innen geben sich Feedback zu der eigenen wesensgemäßen Professionalisierung, vom persönlichen Lernstil über Charaktereigenschaften und Stärken hin zu Bereichen, die durch Entwicklung und passende Ergänzung wachsen und weiter in den Vordergrund treten können. Über den Einsatz intuitiver Methoden und der Gruppe als sozialem Resonanzkörper werden persönliche Fragestellungen beantwortet und Fragen weiterentwickelt.

Lernen hat immer auch mit Kultur- und Persönlichkeitsentwicklung zu tun. Lernen passiert dann, wenn man sich wesentlich begegnet!

Nach dieser Einführung in unsere Bildungsarchitektur beschreiben wir im Folgenden die Kernelemente unseres Lernansatzes und damit die konkreten didaktischen Lernsettings, die für die Erklärung der unten folgenden Praxisbeispiele hilfreich sind. Auch hier gilt unser Lernkonzept in umgekehrter Weise: Das oben theoretisch beschriebene Lernkonzept erklärt sich über die konkrete Lernpraxis und ermöglicht *darüber* wiederum die sinnvolle Ergänzung und Anpassung der theoretischen Modelle. Gleichzeitig können wissenschaftliche Ergebnisse in die Modelle eingeflochten werden, die in der Praxis eingesetzt werden und wiederum darüber in die wissenschaftlichen Erklärungsmodelle einfließen. Auch die Auseinandersetzung mit Wissenschaft macht das Modell des Mäandrierens auf verschiedenen Ebenen deutlich: Wir nutzen wissenschaftliche Erkenntnisse als Input, integrieren diese in unsere Modelle und transportieren sie so in die Praxis. Über die Arbeit und Reflexion von Praxisanliegen gelangen diese Erkenntnisse in einen Anpassungsprozess, dessen Produkt wieder in wissenschaftliche Annahmen und Untersuchungen einfließt.

Lernsettings[3]

Impulsreferate

In Impulsreferaten werden moderne Konzepte, Vorgehensweisen und Hintergründe professionellen Arbeitens thematisiert. Dabei wird der Schwerpunkt der Themen darauf gerichtet, die Steuerungskompetenz in professionellen Situationen zu fördern bzw. Perspektiven zu beleuchten, die für qualitativ hochwertiges Arbeiten notwendig sind. Dabei werden Impulse in homöopathischer Dosis gegeben, die aber eine umso bessere Wirkung erzielen.

Modellhafte Plenum-Supervisionen

Professionelle Steuerungsfragen und Arbeitsprojekte werden durch Teilnehmer vorgestellt und (durch Lehrtrainer gesteuert) sorgfältig diskutiert. Dabei werden persönliche Optimierungsstrategien für den Vorstellenden erarbeitet, aber auch sinnvolle Strategien, aus den bisherigen Erfahrungen optimal und persönlich passend zu lernen.

Kollegiale Beratungen

Jeder Teilnehmer hat die Möglichkeit, in Untergruppen konkrete Beratungs-, Management- und Führungsfragen einzubringen, die ihn in der Praxis bewegen, und erhält durch einen kollegialen Berater ausführliche Problemlösehilfe und Anregungen zur persönlichen Weiterentwicklung. Die beiden Protagonisten bekommen von den anwesenden Kollegen der Untergruppe sorgfältiges Feedback über ihr Kommunikationsverhalten in dieser Beratung, ihr angemessenes Eingehen auf die Sachprobleme der eingebrachten Fragen und die persönliche Selbststeuerung dabei (siehe besonders hierzu und zur Entwicklung von Lernkultur weiter unten das Praxisbeispiel eines Zusatzstudiums).

Übung in professioneller Intuition

Die komplexen Fragestellungen im sachlichen wie im persönlichen Bereich legen meist eine vielschichtige Betrachtungsweise nahe. Diese Fragen können meist nur durch die Entwicklung der professionellen Intuition zu Kernüberlegungen verdichtet werden. Intuition stellt damit

---

3   Siehe Schmid, Hipp und Caspari, 2004, S. 12 f.

eine Grundkompetenz im Umgang mit Komplexität in vielfältigen professionellen Situationen dar. Diskussionen von Projekten wie auch die kollegialen Beratungssituationen sind daher immer auch ein Medium, die eigene Intuition für die entscheidenden Gesichtspunkte und das Gefühl für die im Moment hilfreichsten Ergänzungen zu stärken. (In der Beschreibung des Workshops liegt der Fokus z. B. auf der Übung professioneller Intuition.)

Fachliches Feedback
Bei allen Lernformen achten wir darauf, dass gleichzeitig konstruktives Feedback sorgfältig geübt wird, damit anderen Menschen in hilfreicher Weise ihre Stärken, ihre Problembereiche und ihre unausgeschöpften Möglichkeiten nahe gebracht werden. Die Fähigkeit, fachliches Feedback übersichtlich und in einer persönlich relevanten und würdigenden Weise zu formulieren, ist auch eine Kernkompetenz jeder Kooperations- und Führungsbeziehung und damit eine Kernkompetenz von Professionellen im Bereich Humanressourcen (Siehe hierzu weiter unten z. B. das Praxisbeispiel Lernwerkstatt zur Berufsorientierung für junge Erwachsene S. 17 ff.).

Individuelle Spiegelung persönlicher Stile und Entwicklungen
Untergruppen der Teilnehmer treffen sich regelmäßig, um sich in sorgfältiger Weise individuelle Spiegelung der persönlichen und professionellen Entwicklung zu geben. Sie tauschen sich aus über die Arten des Lernens, über die persönlichen Eigenarten und Kraftfelder, über Entwicklungsbereiche, die die eigene Persönlichkeit und Wirksamkeit optimieren würden, und darüber, was diese Entwicklung auch draußen vor Ort optimal fördern könnte.

Praktische Beispiele

Zusatzstudium Organisations- und Personalentwicklung

Im Rahmen eines universitären Projekts[4] wird seit einigen Jahren ein Zusatzstudium für Studierende angeboten, dessen didaktisches Konzept das ISB von Beginn an mitentwickelt hat.

Das Projekt wird in enger Kooperation mit Organisationen im Profit- und Nonprofit-Bereich durchgeführt. Das Programm ist eine dreisemestrige anwendungs- und praxisorientierte Zusatzausbildung mit der Zielsetzung, neben fundiertem Wissen über Konzepte der Personal- und Organisationsentwicklung die Entwicklung von Beratungskompetenz zu fördern, da Tätigkeiten der Beratung, der Begleitung von Einzelnen und Teams und des Aufbaus von Beratungsarchitekturen einen wesentlichen Bestandteil des praktischen Alltags von Personal- und Organisationsentwicklern darstellt.

Durch den Austausch mit Unternehmensvertretern und durch Intervision der Studierenden wird besonderes Augenmerk auf die Reflexion der Lernprozesse hinsichtlich der Inhalte sowie der Kompetenzen gelegt.

Dieser Austausch unter Professionellen, die sich einer bestimmten Profession und einer Professional Community zugehörig fühlen, trägt wesentlich zur professionellen Entwicklung bei. Mit diesem Ziel hat das ISB die Bildung und Implementierung von Intervisionsgruppen unterstützt. Dabei sollten zwei Aspekte im Mittelpunkt stehen:

- Netzwerkbildung unter zukünftigen professionellen Organisations- und Personalentwicklern,
- Entwicklung einer gemeinsamen Lernkultur.

Konkret wurde der Aufbau einer Lernkultur und eines Netzwerkes durch kollegiale Beratung in Intervisionsteams angelegt.
Zu Beginn des Zusatzstudiums gestaltet das ISB einen Auftaktwork-

---

4 Das Projekt POP (Praxisorientierung Organisations- und Personalentwicklung) wurde initiiert durch die Universität Heidelberg (Industrie- und Betriebssoziologie) und die Universität Mannheim (Wirtschafts- und Organisationspsychologie).

shop, in welchem die Intervisionsteams gebildet und mit kollegialer Beratung vertraut gemacht werden. Neben ersten Beratungs- und Fragetechniken, die eingeübt werden, ist das Konzept der Intervisionsteams zur Entwicklung von Beratungskompetenz jedoch über einen längeren Zeitraum angelegt. Die Teams setzen sich aus je vier Studierenden zusammen, die sich selbstorganisiert mehrmals im Semester treffen und gegenseitig im Rahmen der initiierten Lernkultur beraten. Sie werden damit zu Austausch- und Lernpartnern zur Unterstützung des Lernens innerhalb des Programms, das sich aus vielen einzelnen thematischen Bausteinen aus der Organisationspraxis zusammensetzt.

In den Intervisionsteams können nicht nur Fragen aus konkreten studentischen Projekten eingebracht werden, sondern sie dienen der Auseinandersetzung mit allen Herausforderungen des Studiums und der Berufs- und Karriereentwicklung. Die Gruppe fungiert als Resonanzkörper und stellt den Einzelnen differenzierte Perspektiven und Sichtweisen zu dargestellten Problemstellungen und zu bewältigenden Aufgaben zur Verfügung, ohne dass der Anspruch auf eine professionelle Beratungsdienstleistung verfolgt wird. Dabei entsteht nicht nur gemeinsame, konkrete Hilfestellung und Problemlösung, sondern durch das gemeinsame Erarbeiten eines Falls wird die Lern- und Beratungskompetenz weiterentwickelt.

Die Erfahrung zeigt, dass die Studierenden durch das Lernen in Intervisionsteams in eine neue und ungewohnte Lernkultur eintreten, die sich von der Lernkultur und Gestaltung von universitären Lehrveranstaltungen unterscheidet.

Die Fokussierung auf die eigenen Lerninteressen und Fragestellungen abseits von vorgegebenen Inhalten und die dafür wesentliche gemeinsame, konstruktive Gesprächs- und Lernkultur innerhalb der Gruppe ist zu Anfang häufig fremd. Es bedarf gerade in dieser frühen Phase einer regelmäßigen und engen Begleitung der Teams.

Wenn erste gute Erfahrungen in den Teams gesammelt werden, die den Benefit für die individuellen Lernbedürfnisse und das Reflektieren des persönlichen Lernverhaltens deutlich machen, gehen die Teams zunehmend gestärkt aus ihrer Arbeit hervor. Die Studierenden erleben sich dann als kompetente Beratungspartner in beruflichen, aber auch privaten Fragen und entwickeln sich weiter durch das gegenseitige

Feedback und die gemeinsame Vertrauenskultur, in der zunehmend persönliche Fragestellungen formuliert werden.

Die Erfahrungen in den Intervisionsteams werden in gemeinsamer Runde unter allen Studierenden im Turnus reflektiert und durch Beratungstechniken und die Beratung spezifischer Fälle angereichert.

Die Arbeit des ISB im Rahmen des Zusatzstudiums zeigt, dass es Zeit und Begleitung benötigt, um die Kompetenz kollegialer Beratung und damit kollegialen Lernens zu entwickeln. Gelingt dieser Entwicklungsprozess innerhalb einer Gruppe, zeigt die Erfahrung auch aus dem Programm des Zusatzstudiums, dass das gemeinsame Lernen zu einer wichtigen Kernkompetenz und damit Grundlage von Organisationslernen wird, über die Organisationsgrenzen hinweg. Schlussendlich dienen die Lernprozesse der Reflexion des eigenen Verhaltens und der erweiterten Wahrnehmung von Prozessen und Beziehungen der Persönlichkeitsentwicklung der Studierenden. Hier bietet das Hochschulwesen bislang wenig Unterstützung und Hilfestellung, obwohl die Persönlichkeit des Absolventen und sein Umgang mit Herausforderungen in aller Munde und im Mittelpunkt der Arbeitsmarktdiskussion sind.

Lernwerkstatt zur Berufsorientierung für junge Erwachsene – Lust am Lernen …

Von Manfred Spitzer stammt, man lerne vor allem durch Handeln in als relevant empfundenen Kontexten, durch langsames «Können-Lernen» (Spitzer, 2002, S. 65), wobei geistiges Handeln eingeschlossen ist.

Wie kommt es, dass eine Gruppe von zehn jungen Erwachsenen freiwillig drei Tage ihrer Freizeit mit dem Thema Berufsorientierung verbringt? Seit einigen Jahren bieten Mitarbeiter des ISB einen dreitägigen Workshop zur beruflichen Orientierung für Schüler und Studenten an, in dessen Mittelpunkt Rückmeldungen aus der Gruppe zu persönlichen Fragestellungen der Teilnehmenden stehen. An reine Wissensvermittlung in Schule und Studium anknüpfend, richtet sich das Lernkonzept an den persönlichen Lerninteressen der Jugendlichen aus. Aus unserer Erfahrung fehlt es erstaunlicherweise vielen jungen Menschen auch heute (noch), bei allen vielversprechenden Ansätzen zur Erneuerung des Schul- und Hochschulwesens, an Ideen und Einschätzungen über sich selbst: Was will ich eigentlich, was passt zu mir? Und ganz zentral ist die Fragestellung: Was kann ich wirklich gut? Berufs- und Karriereberater wie Richard Nelson Bolles (2002/2007, S. 8) betonen, dass gerade dieses Wissen entscheidend für die Jobsuche und die Zufriedenheit im Beruf ist.

Die Wahrnehmung der eigenen Stärken wird Schülern durch eine erlebte Abwertungskultur in Bildungsinstitutionen oft erschwert. Aus unserer Erfahrung werden jungen Erwachsenen eher Defizite als Stärken rückgemeldet. Die Idee und das Lernkonzept dieses Workshops (Lernwerkstatt für Orientierungs- und Kompetenzdialog) setzt vor allem bei den Stärken der Teilnehmer an. Außerschulische Programme wie Seminare und Schülercoaching können in Bezug auf die Persönlichkeitsbildung junger Erwachsener sicherlich nur flankierende Unterstützungen darstellen. Doch gerade die Persönlichkeit in all ihren Erscheinungsfacetten ist für den Arbeitsmarkt, die Unternehmen und andere Organisationen ein entscheidender Punkt, ob sie einem Bewerber Erfolg in seiner beruflichen Rolle zutrauen. Manch Jugendlicher ist überfordert und Schule und Hochschule leisten hierfür zuweilen wenig Hilfestellung.

Die beiden Haupt-Säulen des Konzeptes sind:

- Die Gruppe als Spiegel und Resonanzkörper für den Einzelnen (die wirklichkeitskonstruktive Perspektive)
- Die Arbeit mit Erfolgsgeschichten (in Anlehnung an die Konzepte von Bolles, 2002/2007) (demnach die vorrangige Arbeit an den eigenen Stärken) als verdichtete, narrative Form der eigenen Kompetenzbeschreibung, verbunden mit einem Abgleich von Außenwahrnehmungen und Spiegelungen (Selbst- und Peer-»Evaluation«, eher verstanden als Wahrnehmungsabgleich).

Der wesentliche Effekt der Workshops entsteht entlang diesen beiden Punkten: Zum einen durch die Erfahrung der Teilnehmer, Rückmeldung zu sich selbst zu erhalten und gespiegelt zu werden in der eigenen Wirkung auf andere und damit mehr über sich zu erfahren. Dabei werden eigene Bilder über sich selbst verstärkt, andere widerlegt, neue Bilder werden angeregt. Der andere bedeutende Effekt liegt in der Erfahrung, dass jeder in der Teilnehmergruppe etwas für den anderen erarbeitet und sich für diesen einbringt. Die Auseinandersetzung mit sich selbst geht über zur Auseinandersetzung mit meinem Gegenüber. In dieser Begegnung mit den anderen Teilnehmern lernen die Jugendlichen etwas über sich selbst: (Selbst-)Reflexion und (Selbst-)Reflexionsfähigkeit als Kompetenz. Neben der Selbstreflexion wird die eigene Entwicklung und das Selbstbewusstsein bei Jugendlichen gefördert durch Impulse von außen – didaktisch gesehen immer noch ein blinder Fleck im System Schule und Hochschule. Die soziale Intelligenz von Gruppen kann hierzu Wesentliches leisten, wenn man die Lern- und Austauschprozesse unter jungen Menschen didaktisch klug gestaltet.

Ein Beispiel für einen derart gestalteten, schöpferischen Dialog ist die Arbeit mit Geschichten und Erzählungen (der narrative Ansatz). Grundlegend für die narrative Denkrichtung ist, dass Dinge dadurch verständlicher werden, dass sie auf unterschiedliche Weise beschrieben und unterschiedliche Perspektiven deutlich werden. So kann auch die eigene Geschichte jedes Menschen als Erzählung verstanden und genutzt werden. Die Arbeit mit Erfolgsgeschichten im Bereich der Berufsorientierung und des Karrierecoachings mit Jugendlichen und Erwachsenen ist ein didaktisches Vorgehen, dem zugrunde liegt, dass neben einer bewusst-methodischen Ebene der Erzählung eine unbewusst-intuitive Ebene tritt, auf welcher Jugendliche in der gemeinsamen Arbeit mit anderen Jugendlichen wahrnehmen können. Zwischen den Zeilen der erzählten Erfolgsgeschichte des Jugendlichen werden der Gruppe und jedem Einzelnen personale Kompetenzen und Stile des Präsentierenden deutlich, die in der Folge rückgemeldet und gespiegelt werden können. Dieses Feuerwerk der Intuition ist für alle Seiten eine Erfahrung und mit erheblichen Lerneffekten verbunden. Ohne dass die Teilnehmer sich zu Beginn kennen und ausgehend von persönlichen Fragen der Berufs- und Lebensorientierung, wird durch den gemeinsamen Prozess des persönlichen Kennenlernens und Geschichtenerzählens für jeden Einzelnen in den Workshoptagen der Bau eines kleinen Persönlichkeitsmosaiks begonnen. Eindruck um Eindruck, Stein um Stein werden aneinander gelegt. Manchmal entsteht direkt ein Bild oder Muster, manchmal muss man Steine wegnehmen und an anderer Stelle anlegen. Manchmal muss das Mosaik nach und nach nochmals neu zusammengesetzt werden.

Diese kollegialen, sozialen Lernprozesse sollen und können Lernprozesse mit dem Ziel der Wissensvermittlung nicht ersetzen, aber sie können diese anreichern. Und noch mehr: Sie können, auch unter jungen Schülern und Studenten, und in relativ kurzer Zeit einen persönlichen Umgang und eine (Lern-)Kultur entwickeln, die in vielen öffentlichen Bildungseinrichtungen häufig zu kurz kommt und an der sich wesentliches kristallisieren kann: Rückmeldung zu personaler Kompetenz.

Kultur und Transfer[5]

Zum Abschluss dieses kleinen »didaktischen Aperitifs« möchten wir den Bogen zum Gesamtstück dieser Lernsettings spannen – Kulturentwicklung. Wie kann sie unterstützt werden?

Kultur als Ganzes, als Gebilde ist nicht einfach zu beschreiben und schon gar nicht, wie man auf sie Einfluss nehmen kann. Dennoch gibt es Kulturkomponenten, die am ISB in Übungen besonders herausgestellt werden und die sich beschreiben lassen wie z. B. die Wirkung der eigenen Person auf andere (Spiegelungsübungen) oder bestimmte Arbeitsformen (kollegiale Supervision, beratungs- oder fallorientiertes Lernen).

Die vom konkreten Fall ausgehende Abstraktion des Gelernten spielt dabei wie schon erwähnt (Metapher »Kochen«) eine besondere Rolle. Als Kulturkomponenten können wir Methoden bezeichnen, die gleichzeitig Kultur herstellen, entwickeln und den Einzelnen in die Lage versetzen, an der Kulturentwicklung zielgerichtet mitzuwirken. Insofern kann man Methoden und Inhalte als Beispiele für Kulturmentalitäten verstehen.

Das ISB fokussiert neben erklärenden Modellen, die im Hintergrund zur Steuerung dienen, auf konkrete Methoden, die Transfer auf verschiedenen Ebenen erlauben und welche die bewusst-methodische und unbewusst-intuitive kommunikative Ebene berücksichtigen. Dies sind z. B. zirkuläre Fragen oder positive Konnotationen. Ein Sammelbegriff für diese Haltung ist die *Systemische Professionalität.*

---

5   In Grundgedanken angelehnt an Bergknapp und Schmid (unveröffentl. Manuskript).

Kommen wir zurück auf den Transfer des Gelernten im Curriculum und damit auf den Beitrag zur Kulturentwicklung. Transfer bedeutet in diesem Zusammenhang, dass jemand aus einem Beispiel lernt und sich, wenn er das nächste Mal mit dieser oder einer ähnlichen Situation konfrontiert wird, differenzierter darauf beziehen kann, obwohl nicht deutlich ist, in welcher Rolle oder mit welchem Inhalt konkret gelernt wurde.

Grundsätzlich kann man zwei Formen von Transfer unterscheiden: horizontaler Transfer und vertikaler Transfer.

Horizontaler Transfer bedeutet, dass jemand für eine konkrete Situation aus der Praxis etwas lernt. Mit der Theatermetapher gesprochen bezieht sich der Lerneffekt auf die Bühne, die der Lernende eingebracht hat. Im Idealfall kann er das Gelernte gleich dort umsetzen. Auf diese Weise kommt jemand zu anderen Erkenntnissen, Verfahren oder Vorgehensweisen. Übersetzt in ein Setting kann dies bedeuten, dass sich z. B. zwei Personen in einer Beratungsübung begegnen und das Design dieser Beratungsübung so konzipieren, dass über eine konkrete, reale Situation des Fallgebers gesprochen wird, wobei es ihm durch die Supervision gelingt, das Erlebte zu abstrahieren, um es auf gleicher Bühne beim nächsten Mal auszuprobieren.

Vertikaler Transfer bedeutet, dass jemand in die Lage versetzt wird, das Gelernte einer konkreten Situation zu abstrahieren und es auf eine oder mehrere andere Bühnen zu übertragen, das heißt, sowohl inhaltlichen, methodischen als auch kulturellen Transfer zu leisten. Aus der Abstraktion während der Weiterbildung entsteht eine bestimmte Art des Lernens in den konkreten professionellen Situationen ganz »automatisch« auch auf anderen Bühnen, in anderen Rollen oder in völlig anderen Kontexten (z. B. in der Privatwelt) (vgl. das Drei-Welten-Modell der Persönlichkeit; © Schmid 1990; in: Schmid, 2003/2004, S. 65).

Die Gewährleistung dieses – auch qualitativ genannten – Transfers ist Ziel der Curricula.

Das didaktische Konzept und die Methoden, die am Institut für Systemische Beratung in Wiesloch gelehrt werden, können somit als Kulturvehikel verstanden werden. Durch sie werden Inhalte *und* Methoden gelernt. Durch sie *entsteht* Kultur und sie wird gleichzeitig *transferiert*. Durch Kultur können *relevante* Inhalte bearbeitet werden.

Gute Beratung und gute Weiterbildung können nur aus einer guten Lern- und Arbeitskultur hervorgebracht werden, zu der auch immer die Kulturentwicklung des Umfeldes gehört.

Literatur

Bergknapp, A.; Schmid, B.: Supervisionstransferforschung. Unveröffentl. Manuskript.

Bolles, R. N. (2002/2007). Durchstarten zum Traumjob (8. Auflage). Frankfurt a. M. u. New York: Campus.

Rohm, A. (Hrsg.) (2007). Change-Tools. Erfahrene Prozessberater präsentieren wirksame Workshop-Interventionen (2. Auflage). Bonn: managerSeminare Verlags GmbH.

Schmid, B.; Hipp, J.; Caspari, S. (2004). Didaktikreader des ISB. Internes Manuskript des ISB.

Schmid, B. (2003/2004). Systemische Professionalität und Transaktionsanalyse. Mit einem Gespräch mit Fanita English (2. Auflage). Bergisch Gladbach: EHP.

Schmid, B. (2006). Audio: Lernen im Hefeteig der Organisation http://www.systemische-professionalitaet.de/isbweb/component/option,com_docman/task,doc_download/gid,1214/ (Stand 1. 12. 2008).

Spitzer, M. (2002). Lernen. Gehirnforschung und die Schule des Lebens. Heidelberg u. Berlin: Spektrum Akademischer Verlag.

Zunker, I. (2002). Über das Fragmentarische. Studienschrift Nr. 082 http://www.systemische-professionalitaet.de/isbweb/component/option,com_docman/task,doc_download/Itemid,99999999/gid,524/ (Stand 1. 12. 2008).

Die Autoren

Susanne Meyer (Jg. 1980), Diplom-Pädagogin mit dem Schwerpunkt Erwachsenenbildung/ Weiterbildung (Universität Hamburg). Sie ist seit 2006 Mitarbeiterin am ISB. Derzeitige Arbeitsschwerpunkte: Bildungsmanagement und das Projekt »Demographie mitdenken«; Kooperationsprojekte des ISB im Bildungs- und Beratungsbereich.
E-Mail-Kontakt: meyer@isb-w.de

Thorsten Veith (Jg. 1975), M. A. in Erziehungswissenschaft (Universität Heidelberg) und Diplom in Sozialwissenschaften (Institut d'Etudes Politiques Paris). Er ist Geschäftsführer des ISB; Lehrbeauftragter an Universitäten; Berater und Seminarleiter. Arbeitsschwerpunkte: kollegiale Beratung, Didaktik und Lernkultur. Laufende Dissertation am Institut für Medizinische Psychologie des Universitätsklinikums Heidelberg zum Thema Gesundheitsentwicklung bei Führungskräften.
E-Mail-Kontakt: veith@isb-w.de

Ingeborg Weidner (Jg. 1969), M. A. in Erziehungswissenschaft und Germanistik (Universität Heidelberg). Ausbildung zur systemischen Familientherapeutin und Beraterin (MAGST). Seit 2000 ist sie am ISB beschäftigt, derzeit als Lektorin. Lehraufträge an Universitäten (Heidelberg, Mannheim) zu systemischer Beratung, kollegialer Beratung, Didaktik und Lernkultur. Workshops zu Berufsorientierung für junge Erwachsene. E-Mail-Kontakt: weidner@isb-w.de

Rebecca Wingels (Jg. 1978), Diplom-Pädagogin mit dem Schwerpunkt PE/OE (Universität Dortmund). Von 2006 bis 2009 Projektmanagerin am ISB. Ausbildung in Transaktionsanalyse. Veröffentlichungen zu den Themen Diversity und Generationendialog. E-Mail-Kontakt: r.wingels@gmx.de

Uwe Lockenvitz

Was das Schwierige schwierig macht ...

Teamentwicklung in Verbindung mit der Integration einer
»schwierigen« Mitarbeiterin

Was bewegt mich, an einem Buch des ISB mitzuwirken? Was habe ich
zu sagen, von dem ich glaube, dass es gehört werden will? Ich arbeite
mit Menschen und ich denke dass viele Menschen sehr nachhaltig lernen, wenn sie Lernangebote anfassen – *be-greifen* können. Dies hat sich
im Laufe meines beruflichen Weges als eine Essenz herauskristallisiert,
die immer wieder – in immer neue Kleider gehüllt – in mein Leben
kam. Kraftvoll bereichert wurde diese Sicht dann nochmals mit dem
Verstehen, was Wirklichkeitskonstruktion und Perspektivenwechsel
an Variantenreichtum in die Welt zu bringen erlaubt. Frei nach dem
Motto:

> *So, wie Sie Ihr Problem/das Problem Ihres Teams sehen, ist es genau*
> *richtig ...!*
> *Können Sie es auch anders sehen???*
> eröffnete sich so die Möglichkeit zu denken:
> So, wie Sie handeln, ist es richtig – können Sie auch anders han-
> deln?

Diesen Gedanken in meine tägliche Arbeit einzubauen und immer
wieder aufs Neue zu suchen – wie könnte die er-löste Variante dieser
Frage lauten oder aussehen? –, lockte mich, wach zu sein und jede
Grundannahme auch selbst immer wieder neu zu hinterfragen.

Schreiben möchte ich darüber in diesem Buch, weil mir Netzwerk-
anfragen und diverse persönliche Gespräche immer wieder aufgezeigt
haben, dass handlungsorientiertes Lernen und systemisches Denken
als Entweder-Oder gesehen werden. Für mich ist es jedoch die Kombination von beidem, die beide Methoden reichhaltiger und in diesem
Sinne wirkungsvoller machen kann. Hierzu einen Beitrag zu leisten ist
mir ein Anliegen.

Und wenn ich in diesem Sinne an der Verbindung zweier Methoden, die mir wichtig und seriös eingesetzt sehr wertvoll sind, mitstri-
cken konnte, dann ist gelungen, was mich lockte.

Ein Beispiel aus der Praxis handlungsorientierten Lernens

Kundenanfrage an consense plus be-greifbare Personalentwicklung

Ein Kunde fragt im Rahmen einer längerfristigen Organisationsberatung nach einer Teamentwicklung für ein Vertriebsteam an. Der Bereich sei in der jüngeren Vergangenheit sowohl von der Aufgabenseite
wie auch personell stark gewachsen. Der Kunde habe den Vorsatz, das
Team einerseits zielgerichtet zu verbinden und gemeinsam auszurich-
ten, und andererseits hinsichtlich Kultur und Ziel des Unternehmens
in den Gesamtprozess der Organisationsentwicklung zu integrieren.

Bei der Auftragsklärung ergibt sich bei genauer Nachfrage zu vorhandenen Störungen eine Sonderrolle einer Verwaltungskraft. Diese
habe aufgrund ihrer Schnittstellenfunktion für den Geschäftsablauf
entscheidende Bedeutung. Die Akzeptanz der Mitarbeiterin seitens
der Belegschaft sei jedoch extrem gering, da diese »menschlich sehr
schwierig« sei. Bei der genaueren Recherche stellt sich eine körperliche
Behinderung heraus, die aus Sicht des Teamleiters schwer thematisier-
bar sei: Die Mitarbeiterin zeige hier rasch ein zurückweisendes Grund-
muster. Er möchte gern unterstützend und vermittelnd wirken, ist aber
unsicher. Andererseits wirke sich das problematische Verhalten konkret
auf die Zusammenarbeit aus. Speziell neue Kollegen meiden vermehrt
die Zusammenarbeit und suchen Möglichkeiten, die Informationen
bzw. Abläufe auf anderen Wegen zu erlangen bzw. umzusetzen.

Auf die Frage »Wenn es aus Sicht des Teamleiters einen guten Verlauf genommen hätte mit der Teamentwicklung, was wäre dann anders?« erhalte ich Antworten wie:

- das Zusammenwirken von Vertriebsinnendienst und den Außen-
  dienstlern ist vernetzt;
- Anfragen werden zügiger bearbeitet;
- es wird mehr Lachen zu hören sein;
- Tabus und Unsicherheiten werden ansprechbar.

Analyse bei der Auftragsplanung – Vorüberlegungen zur Umsetzung und zum Umgang mit den zu erwartenden Störungen

Aus meiner Sicht erscheint ein Aspekt der Problematik das »Anderssein« der Mitarbeiterin. Im Vorfeld ist nicht erkennbar, inwieweit dies auf der Selbstdefinition der Verwaltungskraft (Frau K.) oder auf Zuschreibungen und Etikettierungen durch die Kollegen beruht.

Zur Planung notwendig ist die Information über die Art der Behinderung, damit bei der Übungsauswahl die Integration gefördert werden kann. Auf Rückfrage erhalte ich die Information, Frau K. leide an der Glasknochenkrankheit. Sie trage Spezialschuhe; schnelle Bewegungen und Stürze stellten für Sie eine konstante Gefahr einer ernsthaften Verletzung dar.

Frau K. stehe der Teamentwicklungsmaßnahme sehr kritisch gegenüber. Hierbei stellt sich mir die Frage nach der »Henne und dem Ei«. Basiert die kritische Haltung entweder auf der Seite von Frau K.: Hier wäre die persönliche Sicht auf Krankheit und Verletzungsrisiko als Makel und Unfähigkeit, das Team zu unterstützen, denkbar. Oder nimmt sie die Rolle der Außenseiterin innerhalb des Vertriebsteams ein: Lieber isoliere ich mich, als dass ich mich angreifbar mache. Auch könnte es die Zuschreibung von Frau K. an ihre Kollegen sein: Weil ich eine »Kranke« bin, werde ich behindern und nachher noch weiter im Abseits stehen, bzw. weil ich im Abseits stehe, werde ich keine Rücksicht im Bezug auf meine Krankheit erfahren.

Planung der Maßnahme

Für meine Vorüberlegungen bedeutet dies, dass dynamische Bewegungsangebote ohne Alternative die bekannten Muster von Isolation und Ausgrenzung tendenziell bestätigen würden.

Um hier weg von dem Prinzip »vom Gleichen mehr« zu kommen, gilt es, im Grundsatz Übungen anzubieten, die stets in der *eigenen* Art Beitrag zu dem Großen und Ganzen sein dürfen.

Daneben gilt es, bei den Leitsätzen unserer Arbeit die Freiwilligkeit und Selbststeuerung (speziell *Challenge by Choice*) besonders klar zu benennen.

Die Teamentwicklungsmaßnahme

Die Veranstaltung beginnt im Seminarraum mit den klassischen Abfragen von Erwartungen und dem Benennen der vorhandenen Ressourcen.

- Was ist gut, wie es ist?
- Was soll bleiben?
- Was dürfte mehr werden?
- Was wären sinnvoll Ergänzungen?

Auch diese Frage nach Ergänzungspotentialen verläuft oberflächlich und ich gewinne zunehmend den Eindruck, alle warten auf den großen Knall, der die Sonderrolle von Frau K. benennt. Frau K. selbst wirkt unsicher und »flüchtig«.

Auch der Teamleiter bleibt in seinen Aussagen zu gewünschten Veränderungen sehr allgemein und vage.

Ich wähle daher in der Frühphase der Veranstaltung die *Produktbeschreibung* und *Gebrauchsanweisung*, um die Menschen einzuladen, von sich zu sprechen. So erhalte ich umfassend Einblick in Selbstinszenierungen und individuell bedeutsame Kontextfaktoren.

In den Schilderungen höre ich von Menschen, die Kontakt suchen, Interesse an den Menschen haben, mit denen sie arbeiten, die Konflikte auch als Chance erkennen, die mal mehr mal weniger aktiv ihr Umfeld gestalten ... Frau K. nennt nichts, was nicht auch andere Menschen sagen oder hören könnten.

Ich gewinne zunehmend den Eindruck, als sei das Unsprechbare von dem auch der Teamleiter bei der Auftragsklärung sprach, die Unsicherheit im Umgang mit Anderssein ein konstruiertes Problem.

Hier fiel mit ein weiser Leitsatz ein: Ein Problem entsteht, wenn du etwas tust, das du lassen solltest – oder etwas lässt, das du tun solltest!

Übersetzt für die Situation: Das Nicht-Worte-Finden schafft eine Atmosphäre, die als Schweigen alle Möglichkeiten von Interpretation zulässt. Mein weiterführender Gedanke war nun, wie es gelingen kann, den vermeintlichen Makel (hier die Krankheit von Frau K.) positiv zu konnotieren. Was könnte in diesem Kontext das Gute im Schlechten sein?

Der er-lösende Gedanke

Frau K. ist aufgrund ihrer Krankheit dauerhaft von Verletzungen bedroht. Sie hat gelernt, Acht zu geben! Vermutlich findet sich niemand im Team, der mit so hoher Kompetenz im Abschätzen von Risiken und Vermeidung von Gefahren! Daher wäre der gewinnbringende Einsatz eine Rolle, in der Sicherheit und Unfallvermeidung vorrangige Aufgabe ist.

Ich bereite die Übung »Spinnennetz« vor und erläuterte die Aufgabenstellung. Ziel sei die Einbeziehung aller vorhandenen Ressourcen und jeder soll in seinem Rahmen Anteil an der Lösung nehmen. Es verwundert mich nicht, dass nun in der ersten Reaktion die Isolation von Frau K. durch die Köpfe aller Beteiligten zu ziehen scheint. Erst der Hinweis, dass die Sicherheit und Unversehrtheit aller Beteiligten von entscheidender Bedeutung sei und hierfür Menschen mit besonderen Fähigkeiten gesucht würden, schafft den benötigten Raum, in dem das Denken die Richtung ändern kann.

Es wird ein Stuhl mit nach draußen genommen, auf dem Frau K. bequem und sicher sitzen kann und somit für sich selbst frei von möglichen Gefahren oder Ängsten ihre Rolle als »Sicherheitsbeauftragte« einnehmen kann. Mit freiem Blick auf das Geschehen wird sie aktiv in die Handlung einbezogen und wird gehört. Drohende Regelbrüche, die im Rahmen des Settings als fiktive Gefahr definiert waren, können so frühzeitig erkannt werden.

Der Übungsablauf ist sehr konzentriert, die Kommunikation untereinander sehr zielorientiert und auch hier ist Behutsamkeit ein prägendes Merkmal.

Der allgemeine Jubel über den Erfolg wird unterbrochen durch die Frage, wie Frau K. in den Jubel einbezogen werden könne. Auch hier ist eine unverkrampfte gradlinige Kommunikation mit Klarheit in der Sache prägend und verschafft zeitnah die gewünschten Antworten.

Es folgt ein Triumphzug eines Teams zurück in den Seminarraum, bei der eine Teilnehmerin auf einem Stuhl sitzend – von allen auf Händen getragen – lacht.

Auswertung und Transfer

Im Rahmen der Auswertung finden die Mitarbeiter auf die Frage nach Parallelen im Unternehmensalltag rasch eine Vielzahl von Anknüpfpunkten, in denen »Anderssein« im ersten Schritt als Makel gesehen wird und wie eine gelungene Version der Betrachtung davon aussehen könnte.

- Die Mitarbeiterin, die nach Schwangerschaft wieder ins Unternehmen zurückkehrt, deren Außensicht auf blinde Flecken ein nutzbarer Ansatz der Reflexion sein könnte.
- Der schwerhörige, ältere Kollege, der zum betont langsamen und genauen Sprechen auffordert, der somit zu klaren und präzisen Aussagen einlädt.
- Der ungeduldige Kollege, der immer gleich zur Tat schreiten will, der dadurch viel Antriebskraft in Projekte einbringt.
- Der Vorgesetzte, der sich mit seinen Entscheidungen stets ein bisschen zu lange Zeit nimmt, der somit einlädt auch eigene Lösungen vorzuschlagen.
- Und etliches an Ideen mehr.

Entscheidend wird aber als Neuerung mit in die Unternehmenskultur verankert und gelebt: Das Ansprechen von seinem Blick auf die gemeinsame Welt bietet den Raum, eine er-löste und tragfähige Zukunft zu gestalten.

Beim nächsten Termin zur Organisationsberatung finde ich im Foyer eine Ergänzung der Unternehmensleitlinien mit einem Foto. Es war zu lesen: *Wir gestalten unsere tragfähige Zukunft.* Das Bild zeigte eine Reihe von Händen an einem Stuhl auf dem eine lachende Frau sitzt!

In diesem Sinne wurde auch hier Personalentwicklung *be-greifbar*!

Modelle des ISB in der Anwendung

Ich habe für mich im Rahmen dieser Arbeit das Modell der Theatermetapher als hilfreich und handlungsleitend erlebt. Die Fragen, die ich mir stellte, gingen in die Richtung, wer diese Inszenierung der Wirklichkeit in die Welt bringt. Als Informationsquelle diente mir die Frage nach der persönlichen Rolle und Inszenierung in diesem Stück. Somit konnte ich einen Einblick gewinnen, was das Stück über die Menschen auf der Bühne erzählte.

Es zeigte sich mir, dass die Tragödie, die sich in den Gesichtern abspielte, durch die Variante *Stummfilm* – keine Worte für das Nicht-Ansprechbare zu finden – immer wieder neu inszeniert wurde. Hier einen Unterschied zu *ent-wickeln*, der Relevanz hat, war rein über eine Neubesetzung der Heldenrolle möglich. Den Spot auf die Kompetenz zu richten, anstatt auf dem Makel zu belassen, bot den Raum für Neues. Das gezielte In-den-Fokus-Rücken des vermeintlich Hinderlichen schaffte den Raum für Fragen und Antworten dessen, was im Jetzt und Hier für die Lösung der Aufgabe dienlich war – fernab von Barrieren des Alltags.

Was besagt diese Erfahrung für den Alltag in der Begleitung von Menschen und Unternehmen? Für mich stellt sich seither bei der Analyse von beschriebenen Störungen bei Menschen, Teams und auch Organisationen noch bewusster die Frage:

- Wer oder was stört wen?
- Wer inszeniert dieses Stück?
- Wovon erzählt dieses Stück?
- Wer hat einen Nutzen am Problem – und was ist der Preis für die Lösung?
- Wer hat eine besondere Rolle und wie würde eine er-löste Variante davon aussehen?
- Was wäre dann anders?
- Wenn dies auf einer Bühne ein anderes Stück wäre, wie könnte dieses Störende dann Positives bewirken?

Bedeutung für die Ausbildung von handlungsorientierten Trainern

Spezielle Übungen für Abweichendes stärken und bestätigen die Kluft – Einbeziehung als Aufgabe schafft Verbindung und neue Perspektiven. Die Übungsauswahl soll dies mit entsprechendem Fokus bedenken und vorhandene Rollen und Funktionen gezielt als Ressource in die Aufgaben einbeziehen.

Relevanz für die systemische Arbeit am ISB

Im Netzwerk finden sich auch immer wieder Anfragen und Empfehlungen zum Einsatz handlungsorientierter Methoden. Hier zur Erweiterung der Perspektive hin zu einer vielfältigen Sicht (einer Sicht mit vielen Falten) beizutragen ist mein Anliegen.

Die gelebte und be-greifbare Verbindung zu schaffen zwischen systemischer Sichtweise und Arbeit zum einen und handlungsorientierten Lehr- und Lernmethoden zum anderen stellt aus meiner Sicht eine sinnstiftende und bereichernde Ergänzung dar.

Beispiel einer konkreten Anfrage im ISB-Netzwerk

Eine Teilnehmerin aus dem ISB-Netzwerk suchte unter folgendem Text:

Ich suche Ideen/Tipps für ein Teamentwicklungsevent mit Outdoorelementen, die auch für bandscheibengeplagte Menschen geeignet sind für eine Abteilung Projektmanagement …

Angebot meiner Sicht:

Hallo,
es gibt eine Vielzahl von Übungen, die auch für gehandicapte Menschen (Handicaps jeglicher Art) geeignet sind.
Ich möchte Dir jedoch einen anderen Ansatz zum Denken anbieten: Warum die Realität nicht in die jeweilige Übung einbauen? Der Bandscheibenvorfall ist ein Teil der Ressourcen, die es von der Gruppe einzubeziehen gilt.
Entsprechend modifiziert wird die Lösung sein.
Wir hatten eine Teilnehmerin mit Glasknochen, die definitiv nicht stürzen durfte. Dies war ihre ganz persönliche Eigenart. In die Übung (Spinnennetz) eingebaut war sie die Supervisorin des Sicherheitsaspekts (ohne aktiv durch das Netz zu gehen, da dies in keinster Weise verantwortbar gewesen wäre!).
So konnte ihre Kompetenz (es gab niemand in dem Team, der so sehr

*gelernt hat, auf sichere Begebenheiten zu achten, wie diese Frau) lösungs-
orientiert eingesetzt werden. In diesem Sinne wurde ihr Handicap be-
greifbar/positiv konnotiert.*

So wird aus einem Makel/Handicap/Problem eine Ressource, die der
Gesamtgruppe auf dem Weg zur Lösung dienlich ist. Vergleichbares
habe ich bei einem Mann erlebt, der einen Arm verloren hatte und in
seiner *ihm eigenen Art* ein sehr aktiver Teil der Lösungen im Hoch-
seilgarten war. Es gäbe hier noch etliche Beispiele mehr.

Im Rahmen des Transfers gilt es vergleichbare, vermeintliche Bar-
rieren/Makel/Handicaps in der Organisationswelt zu lokalisieren, die
mit einer anderen Sicht darauf als Ressource ein sinnvoller und nützli-
cher Beitrag sein können. Meine Erfahrung zeigt hier, dass auf diesem
Weg eine andere Sicht auf vermeintlich Wertloses/Störendes/Krankes
etc. gelingen kann und dies sowohl zu einem Perspektivenwechsel von
Be-Lastung (der Handicap-Besitzer) zu Würdigung wie auch zu einer
neuen Sicht auf Werte und Haltungen innerhalb von Unternehmen
führen kann.

Der Autor

Uwe Lockenvitz ist seit 1999 Inhaber und Geschäftsführer von *consense plus – be-greifbare Personalentwicklung*. Seine Aufgaben sind hier Orga-
nisations- und Führungskräfteentwicklung. Seine
Arbeit kennzeichnet die kraftvolle Verbindung
von handlungsorientierten Lernmethoden und
systemischem Denken.

Er ist langjähriger Lehrtrainer für handlungs-
orientierte Lehrmethoden (FE-Outdoortraining)
und Master am Institut für Systemische Beratung
in Wiesloch.

E-Mail-Kontakt: uwe.lockenvitz@consenseplus.de

Sandra Wündrich

Die Bedeutung von Ritualen in der Beratung von Menschen und Organisationen

> It is not the strongest of the species that survive, nor the most intelligent.
> It is the one most adaptable to change.
>
> Charles Darwin

150 Jahre nach seiner Veröffentlichung hat dieses Zitat für uns Menschen mehr Gültigkeit denn je. Über den meisten Beratungsaufträgen steht das Thema Veränderung; je schneller desto besser. Im Zuge dieser Entwicklung liegt es für mich sehr nahe, sich mit dem Thema Rituale und ihrer Auswirkung auf den einzelnen Menschen und ganze Organisationen zu beschäftigen. Dies möchte ich anhand des Verlaufs eines Bausteins in der systemischen Ausbildung zum Coach der *handowcompany* tun, in der ich als Lehrtrainerin tätig bin.

Die Teilnehmer/innen sollten als Hausaufgabe Rituale aus ihrem beruflichen und privaten Leben sammeln. Schon vor dem Ausbildungsbaustein hörte ich Fragen und Aussagen wie: »Was ist der Unterschied zwischen einem Ritual und einer Gewohnheit?« »Ich finde keine Rituale, was bedeutet das für mich?« »Ich habe nur private Rituale, beruflich ist das Unsinn.« »Ist der Kaffee morgens schon ein Ritual?«

Die Teilnehmer/innen der Ausbildung habe ich eingeladen, sich mit mir auf eine Entdeckungsreise zu ihren eigenen Ritualen zu begeben und dann zu überlegen, was es für einen Coaching- oder Beratungsprozess bedeutet, Rituale zu implementieren, beizubehalten, zu verändern oder auch zu streichen.

Diese Einladung gilt auch für Sie. Gehen Sie während des Lesens dieses Beitrags oder auch danach auf Entdeckungsreise. Finden Sie Ihre eigenen Rituale und die dazugehörigen Bedeutungen und stellen

Sie den Transfer zu Ihrem beruflichen Alltag als Berater oder Coach her.

Es beginnt also im Kleinen. Schon beim Frühstück haben wir Gewohnheiten, die schnell zu Ritualen werden. Wie und wo trinken Sie Ihren Kaffee oder Tee? Wann lesen Sie Zeitung? Wie ist Ihr Ablauf am Morgen strukturiert? Welches sind Ihre eigenen Rituale?

Und ein nächster Schritt: Was passiert, wenn der Morgen anders verläuft als geplant? Stellen Sie sich vor, sie verschlafen? Zeitlich reicht es genau, um zum geplanten Termin pünktlich zu kommen, aber ihre Morgenrituale fallen aus. Wie geht es Ihnen dann? Es fehlt doch nur der Kaffee oder das Lesen der Morgenzeitung. Auf den ersten Blick ganz simple Gewohnheiten. Sind das wirklich schon Rituale?

Für die meisten Menschen sind Rituale etwas Großes und Besonderes, oft auch Starres wie etwa das Hochzeitsritual, die Geburtstags- oder Abschiedsfeier. Rituale sind aber viel mehr. Meyers Großes Taschenlexikon schreibt: »Ritual: In der Soziologie Bezeichnung für eine besonders ausdrucksvolle und standardisierte individuelle oder kollektive Verhaltensweise; Rituale werden durch bestimmte Grundereignisse als spontane Reaktion der Handelnden ausgelöst und dienen in Angst- und Entscheidungsdrucksituationen oft der Verhaltensstabilisierung.«

Rituale sind also Gewohnheiten, die für die Handelnden einen Sinn ergeben. Rituale (mögen sie noch so einfach sein) geben Stabilität und Kraft, sich dem Wandel in unserer Gesellschaft zu stellen. Rituale bieten Schutz, auf den man sich verlassen kann.

Über die Schutzwirkung des Kaffees am Morgen ließe sich nun sicher streiten, aber dass er zur Stabilisierung des Tages beiträgt, würden sicher viele bejahen, wenn sie sich dessen bewusst wären.

Die Ausbildungsteilnehmer sollten in einer Partnerarbeit beschreiben, welche Rituale ihnen in ihrem Leben begegnen und welche Bedeutung sie für sie haben. Schnell wurde deutlich, wie unterschiedlich die Wahrnehmung in Bezug auf Rituale ist. Eine Teilnehmerin hatte tägliche, wöchentliche, monatliche und jährliche Rituale gefunden und sehr anschaulich beschrieben, wie wichtig jedes einzelne davon ist und wie unmöglich es ihr ist, eines davon zu streichen. Einige davon machen ihre Partnerschaft aus, andere strukturieren ihren Arbeitstag. Eine andere Teilnehmerin hatte in der gleichen Übung auf den ersten Blick keine Rituale, die sie beschreiben konnte. Erst nach intensivem Nachfragen entdeckte sie, wie viele ihr bisher unbewusste Rituale sie sowohl im privaten als auch im beruflichen Alltag hatte (z. B. ihr Morgenkaffee mit ihrer Vorgesetzten, der zum Austausch der wichtigsten Tagesereignisse dient und immer gleich abläuft).

Im Anschluss daran hatten alle die Aufgabe, Rituale zu sammeln, die sie für ihre eigene Tätigkeit als Coach für besonders relevant hielten.

Was bedeutet dies nun für Sie als Berater?

Als Erstes gilt es herauszufinden, welche Rituale ich als Berater oder Trainer für meine Selbststeuerung habe und welche Bedeutung ihr Fehlen hat.

Darunter fallen Verhaltensweisen wie die ausführliche Vorbereitung auf eine Projektsitzung oder einen Workshop. Stellen Sie sich vor, Sie haben nicht genug Zeit eingeplant oder die Teilnehmer kommen sehr früh und verwickeln Sie in ein Gespräch. Wie ist es dann? Fehlt Ihnen etwas? Fühlen Sie sich unsicher, obwohl Sie inhaltlich alles gut vorbereitet haben? Oder ist es genau umgekehrt? Brauchen Sie zu Beginn eines Workshops intensiven Kontakt zu den Teilnehmern, um Nähe herzustellen und Ihre eigene Nervosität in den Griff zu bekommen, und ist es für Sie eher schwierig, wenn die Teilnehmer erst ganz kurz vor Schluss eintreffen? Schon bei diesem Beispiel wird deutlich: Jeder Berater hält es anders und für jeden Einzelnen ist etwas anderes strukturgebend und hilfreich. Daher halte ich es für äußerst spannend, als Berater die eigenen Rituale aufzuspüren und im Sinne einer besseren Handlungsfähigkeit bewusst einzusetzen.

Um mit Gunther Schmidt zu sprechen: »Man hat es sich im Sinne der Kunden gut gehen zu lassen.« Eine Frage, die es sich an dieser Stelle zu fragen lohnt, ist: Bin ich es mir auch wert, mir Zeit für meine Selbststeuerung zu nehmen? Will ich Vorbild in einem Beratungsprozess für das Thema Selbststeuerung sein? Sorge ich dafür, dass die Rahmenbedingungen so gestaltet sind, dass ich mich wohlfühle und damit handlungsfähig bin? Und was tue ich, wenn dies nicht gelingt? Habe ich Strategien entwickelt, die mich trotzdem arbeitsfähig sein lassen? Und wenn ja, bin ich ganz bewusst in der Lage, diese einzusetzen?

Ein paar Rituale möchte ich hier explizit erwähnen, weil sie ganz selbstverständlich sind und oft nur als Gewohnheit wahrgenommen werden. Sie ergeben aber immer einen Sinn und sorgen häufig für Struktur, daher sind sie mehr als das.

Mögliche Rituale vor dem Klientenkontakt (unterstützen die eigene Arbeitsfähigkeit):

- sich in der eigenen Art auf den/die Klienten einstellen, vorbereiten (sich den Klienten z. B. bildlich vor Augen führen);
- den Raum vorbereiten, so dass man sich wohlfühlt (ich bringe oft Blumen mit);
- alle Medien bereit stellen, Flipcharts schreiben;
- das eigene Körpergefühl wahrnehmen, tief durchatmen, vielleicht Blockaden spüren und ihre Bedeutung erkennen;
- die eigenen Ressourcen aktivieren und sich ihrer bewusst werden (um nochmals Gunter Schmidt zu zitieren: »Die eigenen Kompetenzen fragen, ob sie alle da sind.«);
- Störungsfreiheit herstellen.

Im nächsten Schritt sammeln wir gemeinsam Rituale, die uns in beruflichen Kontexten wichtig erscheinen. Diese sind, wie alle Beratungsaufträge, sehr vielfältig. Das Interessante hierbei ist einerseits, welch unterschiedliche Bedeutung jeder Teilnehmer einzelnen Ritualen beimisst. Der eine hält das morgendliche Begrüßen jedes Mitarbeiters durch die Führungskraft für völlig überflüssig, ein anderer hingegen findet, es drücke Wertschätzung aus und zeige, dass der Führungskraft die Wahrnehmung seiner Mitarbeiter und das Wissen um deren Befindlichkeit wichtig sei. Andererseits zeigt sich schnell, wie verschieden und für uns manchmal ungewöhnlich die Rituale je nach Organisation sind. In einem diakonischen Haus kann es durchaus vorkommen, dass die Mitarbeitenden sich Gebete vor den gemeinsamen Dienstbesprechungen wünschen. Hat das nun eine Bedeutung für uns als Berater und Coach? Und wie gehe ich damit um, wenn ich das Ritual völlig befremdlich finde? Bei der intensiven Diskussion findet genau das statt, was auch für jede Organisation wichtig sein kann. Wir finden heraus, welche ganz individuellen Rituale sich in der Kultur der Organisation jedes einzelnen Teilnehmers entwickelt haben und welche fehlen oder unsinnig verwendet werden.

Bedeutung von Ritualen im Klientensystem

Welche Auswirkungen hat das Ausfallen einer traditionell großen Weihnachtsfeier in einem mittelständischen Unternehmen? Welche Botschaften können damit verknüpft werden? Welche Interpretationen entstehen dadurch?

Die Antworten darauf scheinen für Außenstehende leicht zu finden. Jeder entwickelt dazu umgehend eigene Bilder. Die Mitarbeiter des Unternehmens in genanntem Beispiel sind tatsächlich geschockt. Eines der wichtigsten Rituale der Zusammengehörigkeit, der Wertschätzung und Sicherheit wird aus Kostengründen gestrichen. Deutlicher kann die Botschaft einer Krise für die Mitarbeiter nicht sein. Das Management muss sich keine Gedanken mehr über eine sinnvolle Kommunikation machen; es entsteht eine Botschaft allein durch die Handlung. Dennoch könnte es, wäre es sich der Auswirkungen seiner Handlung bewusst, durch sinnvolle Kommunikation, in diesem Fall an wirklich alle Mitarbeiter, noch einiges retten.

An diesem Beispiel wird meines Erachtens sehr deutlich, wie wichtig Rituale für unser gesellschaftliches und berufliches Miteinander sein können und welche Bedeutung das Abschaffen eines wichtigen Rituals haben kann. Gleichzeitig beobachte ich in Beratungsprozessen häufig, dass entweder keinen Wert auf Rituale gelegt wird oder der Wert den Beteiligten nicht bewusst ist.

Ich möchte an dieser Stelle auf die Bedeutung von Ritualen in unserer aktuellen Gesellschaftssituation hinweisen und den Nutzen für Beratungsprozesse, sei es mit Einzelpersonen oder in Organisationen, aufzeigen. Es lässt sich in Beratungen beobachten, dass die überwältigende Komplexität in vielen Bereichen dazu führt, dass Menschen und damit auch Organisationen mehr nach Struktur, nach Werkzeugen für den Umgang mit Komplexität und einfachen Lösungen für ihre Probleme suchen. Wurden vor einigen Jahren Rituale, also standardisierte individuelle oder kollektive Verhaltensweisen, noch als eher konservativ konnotiert, werden ihre strukturgebenden, verbindenden und entlastenden Eigenschaften heute wichtiger denn je.

Für die Teilnehmer der Ausbildung beginnt spätestens an dieser Stelle der Transfer in die Praxis. Nach dem Herausfinden der eigenen und dem Zusammentragen der unterschiedlichen beruflichen Rituale beginnt für die Arbeit als Coach hier der nächste entscheidende Schritt: Wo in ihrem Beratungsprozess nutzen sie Rituale, die den Prozess unterstützen? In welchen Situationen hindern sie eigene Rituale an der sinnvollen Zusammenarbeit mit ihrem Klienten? In der Ausbildung wird dies anhand von realen Coachingprozessen mit aktuellen Themen der Teilnehmer geübt, beobachtet und reflektiert. Einige sind erstaunt, wie viele Strukturierungsrituale sie schon eingebaut haben, andere ärgern sich eher, wie schwer es ihnen gelingt, von einer ritualisierten Gesprächsvorlage abzuweichen, wenn es förderlich für den Prozess wäre. Gleichzeitig stellen sie fest, dass manche Rituale für den Klienten völlig unsinnig erscheinen, die sie als Coach für sehr hilfreich gehalten hätten. Dennoch finden sie Rituale, die sie als allgemein hilfreich beschreiben.

Nach den vielen entdeckten Ritualen im Laufe des Bausteins, sucht jeder Teilnehmer der Ausbildung am Ende ein passendes Abschiedsritual für die ganze Gruppe, das dann gemeinsam durchgeführt wird. Das reicht vom Mitgeben eines für jeden gesammelten Steins, über das gemeinsame Verbeugen und damit Danke sagen, bis hin zum gemeinsamen Singen eines Abschiedslieds.

Wie kann ein Berater Rituale außerhalb seiner Selbststeuerung nutzen?

In diesem Abschnitt möchte ich anhand von Beispielen und konkret benannten Ritualen eine Vielfalt aufzeigen, die den Transfer in Ihre Praxis erleichtern soll. Sie soll Sie, liebe Leser, dazu anregen, auch in Richtungen zu denken, die auf den ersten Blick vielleicht als zu einfach anmuten, und eigene Ideen für den Umgang mit Ritualen in Ihrer

Selbststeuerung zu bekommen. Gleichzeitig soll es Ihnen das Erkennen von wichtigen Ritualen in ihrem eigenen Arbeitsalltag erleichtern.

Hier also ein paar Beispiele für Rituale oder deren Fehlen in alltäglichen Situationen in Organisationen:

- Eine Klientin berichtet, ihre Mitarbeiter übergehen sie häufig und informieren ihren übergeordneten Vorgesetzten direkt. In der Analyse der Situation stellt sich heraus, dass die Klientin nie eine offizielle, persönliche Einführung durch die übergeordnete Führungskraft erhalten hat.
- Ein Mitarbeiter wird fristlos gekündigt und es erfolgt kein Abschied. Die Folge: Der gekündigte Mitarbeiter ist weiterhin präsent im System und die verbliebenen Mitarbeiter unterhalten sich immer wieder darüber. Dadurch wird dem System erheblich Energie entzogen.
- Besprechungen/Gespräche, die nach einem ritualisierten Modus ablaufen, sind effektiver, weil sich die Beteiligten intensiv vorbereiten können. Überraschend einberufene Gespräche führen dagegen häufig zu Unsicherheit.
- In einem Unternehmen beschweren sich Mitarbeiter, dass ihre Vorgesetzten nie Zeit für sie haben und Gespräche immer zwischen »Tür und Angel« ablaufen.
- In einem Unternehmen zeigt der »Kaffeestrom« in die Küche, wer dazu gehört und wer nicht. Ein neuer Mitarbeiter, der sich diesem schnell anschließt, zeigt, ich will dazugehören und ich bin dabei anzukommen.

Diese einfachen Beispiele kommen sicher jedem bekannt vor. Fallen Ihnen beim Lesen auch automatisch mögliche Lösungsschritte bzw. fehlende Rituale ein?

Eine Möglichkeit, selbstverständlich abhängig vom Auftrag, kann es also sein, die vorhandenen und fehlenden Rituale der Organisation im Ganzen oder einzelner Abteilungen herauszufinden, den sinnvollen Einsatz zu prüfen und gegebenenfalls zu ergänzen oder zu verändern. Am Beispiel der abgesagten Weihnachtsfeier hätte geprüft werden können, ob eine komplette Absage wirklich nötig war oder ob auch eine andere, kostengünstige Form hätte gefunden werden können. So hat das Unternehmen zwar Kosten reduziert, gleichzeitig aber die Moral der Mitarbeiter möglicherweise in einem Maß geschwächt, das sich deutlich auf das Arbeitsergebnis auswirkt.

Mögliche Leitfragen für diese Analyse könnten sein:
- Welche Veranstaltung hat eine Tradition im Unternehmen?
- Welche informellen Informationsplattformen gibt es sowieso (z. B. die Raucherbalkone, auf denen die wichtigsten Informationen ausgetauscht werden)?
- Welche Form der formalen Informationsweitergabe wird in der Regel gewählt und zeigt die gewünschte Wirkung?
- Welche Erfahrungen gibt es mit der Veränderung von Abläufen z. B. bei Besprechungen?
- Wird die Besprechungskultur von den Beteiligten als hilfreich oder als hinderlich erlebt?
- Welche regelmäßig wiederkehrenden Abläufe gibt es?

Mit Hilfe dieser Fragen kann transparent werden, welche strukturgebenden Besprechungen, Veranstaltungen es schon in der Organisation gibt, welche davon vielleicht überflüssig sind und trotzdem noch aufrechterhalten werden und welche möglicherweise noch fehlen.

Antworten auf obige und weitergehende Fragen könnten folgende Beispiele für Rituale im Klientensystem sein (berufliche und persönliche):
- einheitlicher, durchdachter Ablauf von Besprechungen;
- regelmäßige Mitarbeitergespräche, deren Ablauf und Inhalt den Beteiligten vorher bekannt ist;
- Begrüßungsrituale für neue Mitarbeiter, Aufmerksamkeiten bei besonderen Anlässen der Mitarbeiter;
- Abschiedsfeiern oder Abschiedsworte (haben besondere Bedeutung im Fall einer konfliktbeladenen Beziehung zwischen Führungskraft und Mitarbeiter);
- regelmäßiger Besuch des Vorstandsvorsitzenden bei Zusammenkünften der Mitarbeitern der unteren Ebenen;
- Ablauf von Personalversammlungen;
- festgelegte Projektabläufe;
- Einsetzung von neuen Führungskräften;
- organisationseigene Formen von Mitarbeiterfesten;

- das Schreiben von Morgen- und Abendseiten (nach Julia Cameron);
- Meditieren;
- regelmäßiges Joggen;
- Schreiben einer To-do-Liste für den Tag;
- der gemeinsame Kaffee oder Tee mit dem Partner/der Partnerin.

Sind die vorhandenen Rituale für den Entwicklungsprozess förderlich, können sie leicht in die Architektur des Beratungsprozesses eingebaut werden. Sind es negative Rituale oder fehlen sie komplett, kann auch dies als eine Information aufgezeigt und die nötigen Interventionen daran angelehnt werden.

Verkündet beispielsweise in einer Organisation immer der Vorstandsvorsitzende dem Vertrieb die Unternehmensziele für das Jahr, kann es zu Verwirrungen kommen und können die Ziele weniger attraktiv werden, wenn sie plötzlich »nur noch« vom Bereichsleiter kommuniziert werden.

Immer wieder kommt es in Beratungsprozessen vor, dass in Projektteams Designelemente zur Unterstützung des Prozesses ausgewählt werden, die völlig konträr zu den bisherigen Ritualen der Organisation stehen. Häufig entstehen hierbei Widerstände, die bei sorgfältiger Analyse vermieden werden könnten. Gleichzeitig könnten genau diese zu neuen Ritualen werden, die die Mitarbeiter für die Veränderung rüsten. Oft werden sie dagegen nur unzureichend vorgestellt und bei den ersten Schwierigkeiten wieder abgeschafft. Gelingt es einem Unternehmen in solch einem Prozess, Rituale zu finden (auch mit Hilfe der Belegschaft), die sich an der Kultur und den Zielen des Unternehmens orientieren und die von Beginn an von den Vorgesetzten (auch vom Vorstand, der Geschäftsführung) gelebt und eingehalten werden, wird die Akzeptanz ungleich höher sein.

Hierzu noch ein Beispiel: Ein mittelständisches Finanzdienstleistungsunternehmen organisierte nach zwei Fusionen seine Struktur komplett neu. Dabei wurden erst alle Führungspositionen neu besetzt und im Anschluss mit den neu berufenen Führungskräften eine neue Strategie entwickelt. Zu Beginn dieses Veränderungsprozesses wurde eine Konferenz einberufen, die in Form eines »Open Space« (eine besondere Großgruppenmethode) durchgeführt wurde. Eine derartige

Beteiligungsmöglichkeit an Entscheidungen gab es vorher in diesem Unternehmen nicht. Eine derartige Veranstaltung hatte es genausowenig vorher je gegeben. Dementsprechend neugierig, kritisch und verunsichert waren die Führungskräfte. Sie zweifelten, ob man soviel Geld ausgeben müsse oder ob das nicht anders ginge. Nach langer Zurückhaltung wurden sie durch die Glaubwürdigkeit des Vorstandvorsitzenden überzeugt und brachten sich im Endeffekt alle ein. Sie gaben damit den Startschuss für eine ganze Reihe ähnlicher Veranstaltungen, die im Laufe des Prozesses sogar auf der untersten Mitarbeiterebene durchgeführt wurden. Die Methode »Open Space« wurde zu einem Symbol für die Offenheit und Zukunftsausrichtung dieses Unternehmens. Jeder Mitarbeiter, der bei einer solchen Veranstaltung dabei sein durfte, empfand dies als Ehre und war begeistert, sich und seine Ideen einbringen zu dürfen. Diese Phase, in der das »Open Space« Ritualcharakter hatte, dauerte vier Jahre. Dann kippte der Prozess. Interessanterweise wurde die Methode des »Open Space« jetzt als eher störend und als überflüssig empfunden, und das, obwohl wirklich bahnbrechende Ergebnisse damit erzielt worden waren. Man fragte zwar noch nach Ideen, setzte sie aber nicht mehr um. Was war passiert? Das Unternehmen hatte bedingt durch äußere Einflüsse Schwierigkeiten mit der Ertragslage bekommen und der Vorstand verlor nach und nach das Vertrauen in die Vertriebsleistung der Mitarbeiter, die von außen betrachtet nicht der Grund für die schwierige Ertragslage war. In sehr kurzer Zeit wandelte sich das Klima von einem von Offenheit und Beteiligungsmöglichkeiten geprägten hin zu einem von Druck und Kontrolle dominierten. Die Zeit des »Open Space« als Symbol war vorbei. Eine Analyse der Situation ergab, dass dies den Mitarbeitern sehr bewusst war und sich an vielen weiteren Beispielen deutlich machte. Was wäre nun gewesen, wenn es die Offenheit für die Ideen der Mitarbeiter weiterhin gegeben hätte auch während der schwierigen Phase?

Gehen wir kurz gemeinsam in die Analyse dieses Beispiels: Es wurde von extern eine Veranstaltungsform eingebracht, die einen Kulturschock für das Unternehmen darstellte. Hier war das sehr sinnvoll, weil es um eine komplette Neuorientierung ging und weil der Vorstand dahinter stand. Im Laufe der Durchführung wurden die Mitarbeiter von der Sinnhaftigkeit überzeugt, weil Worte und Taten kongruent waren und es keine negativen Folgen gab. Offenheit wurde hinterher nicht bestraft, Vorschläge wurden konsequent umgesetzt. Die Form der Veranstaltung brachte außerdem die Kreativität der Mitarbeiter an den Tag. Es schien, als hätten sie nur darauf gewartet, sich endlich einbringen zu dürfen und die versteckten Potentiale zu nutzen. Mein Eindruck ist, dass genau das der Punkt war, der dem »Open Space« diese Ritualfunktion einbrachte. Es hatte einfach Kraft, es brachte Ergebnisse und es brachte Menschen in Kontakt. Es war das richtige Ritual zur richtigen Zeit.

Das Beispiel beschreibt nun, dass die Zeit des Rituals anscheinend auch wieder verging. Die Frage, die sich hier zu stellen lohnt: Hätte sich an der Situation des Unternehmens etwas geändert, wenn es dieses kraftvolle Ritual beibehalten hätte? Oder wenn es sich um eine situationsgerechte Anpassung bemüht hätte? Wir können nur vermuten.

Zusammenfassung

Ich möchte Ihnen abschließend einen meines Erachtens sinnvollen Ablauf für die Einbindung des Themas Rituale in den Berateralltag anhand eines meiner Rituale vorstellen.

Im Zuge des Schreibens dieses Beitrags wurde ich gefragt, welches mein wichtigstes Ritual sei. Nach kurzem Nachdenken (1) antwortete ich: »Es mag sich seltsam anhören, aber das ist das Kaffeetrinken, das ich zwei Mal am Tag ausgiebig genieße.«

Natürlich folgte die Frage nach dem Warum. Meine Antwort (2): »Einerseits verbindet mich die Art, wie ich meinen Kaffee trinke (immer Latte Macchiato) sehr stark mit meinen italienischen Wurzeln und erinnert mich an meine Jugendzeit, in der ich jeden Morgen mit meiner Mutter Kaffee trank (es war die einzige Zeit, in der meine Mutter für mich hatte). Andererseits hat das Kaffeetrinken für mich etwas sehr Kommunikatives, weil ich oft mit meinem Partner Kaffee trinke und mich dabei mit ihm austausche. Gleichzeitig verabrede ich mich häufig mit Menschen zum Kaffee, wenn ich mich intensiv mit ihnen unterhalten möchte.«

(3) Nach meinen Ausführungen zu Schritt 2 ist es für Sie wahrscheinlich nicht überraschend, dass ich eine große Unterstützungs-

funktion in meinem auf den ersten Blick eher simplen Ritual sehe und es daher gern beibehalte.

1. *Die Suche nach den Ritualen.* Dies ist nicht immer während der Beratung möglich, weil viele Rituale so in den Alltag eingebunden sind, dass sie dem Klienten nicht präsent sind. Eine Hausaufgabe gibt dem Klienten Zeit und Ruhe, sich genauer damit zu beschäftigen.
2. *Sich über den Sinn bewusst werden.* Viele Rituale haben von außen betrachtet keinen Sinn, ergeben aber für den Klienten oft einen sehr nachvollziehbaren Sinn, wenn er genauer darüber nachdenkt.
3. *Entscheiden, ob es eine Unterstützungsfunktion hat oder nicht.* Die für den Entwicklungprozess des Klienten förderlichen Rituale kann der Klient ausbauen. Die für seinen Entwicklungsprozess hinderlichen kann er möglicherweise ersetzen. Eindeutig ist, einfach abschaffen, bzw. als Berater gegen ein Ritual zu arbeiten ist völlig unsinnig.

Nun, glaube ich, können Sie sich auf Ihre eigene Entdeckungsreise machen. Welche Verhaltensweisen erleben Sie in Ihrem Leben als strukturgebend, verbindend und nicht mehr wegzudenken? Welche sind energiespendend oder energieraubend? Welche würden nicht auffallen, wenn Sie fehlen? Welche würden eine Leere hinterlassen? Welche geben Ihnen Kraft und Mut?

Was halten Sie davon, wenn Sie sich jetzt, nach dem Lesen genau dieses Beitrags, einen Kaffee oder einen Tee machen, sich einen Stift und ein Blatt Papier zur Hand nehmen und sich Zeit für sich nehmen? Mir scheint, das könnte ein guter Zeitpunkt dafür sein.

Viel Spaß bei Ihrer Entdeckungsreise wünscht Sandra Wündrich.

Die Autorin

Sandra Wündrich (Jg. 1973) ist seit 2007 selbständig als Beraterin, Coach und Trainerin tätig. Sie verfügt über eigene Erfahrung als Führungskraft und Coach in einem mittelständischen Unternehmen. Sie hat am Institut für Systemische Beratung in Wiesloch ihre systemische Beraterausbildung absolviert. Heute ist sie als Lehrtrainerin in der »Ausbildung zum Coach« der *handowcompany* tätig. (www.handow.com)

Ihre wesentlichen Arbeitsschwerpunkte liegen in der Durchführung von Trainings mit dem Schwerpunkt Kommunikation, in der Begleitung von Veränderungsprozessen und in der Führungskräfteentwicklung.

E-Mail-Kontakt: sandra@wuendrich.de

Markus Schwemmle

Führungskräftecurriculum nach dem Lernsystem des ISB-Wiesloch

Kapitel 1: Gebrauchsanleitung für diesen Artikel

Liebe Leserin, lieber Leser,

wenn Sie an einer gedanklichen Herleitung interessiert sind, die letztendlich in einem praktischen Anwendungsbeispiel mündet, dann sollten Sie diesen Artikel von vorne bis hinten lesen. Es erwartet Sie ein gedanklicher Vergleich zwischen der klassischen, linearen Perspektive auf Führung und eine Ergänzung um systemische Betrachtungsweisen. Das Fallbeispiel skizziert ein Führungskräftecurriculum, das im Sinne der Didaktik des Instituts für Systemische Beratung gestaltet ist.

Wenn Sie vor allem an der praktischen Umsetzung interessiert sind, dann lesen Sie zunächst das Kapitel 4 (Hypothesen) und 5 (Fallbeispiel). Vielleicht werden Sie dann neugierig, welche Überlegungen zu einer Gestaltung eines Führungskräftetrainings dieser Art führen, und beginnen dann vorne.

Bei dem skizzierten Fallbeispiel handelt es sich um das Bayerische Führungskräftecurriculum, das zurzeit in Nordbayern angeboten wird. Mein Kollege Marc Minor ist Organisator und Betreiber dieses Curriculums und hat als einer der Ersten diese Art der Führungskräfteentwicklung umgesetzt. Im Zuge dieser Umsetzung konnte ich mehrere Module als Lehrtrainer durchführen. Anbieterinformationen finden Sie am Ende des Artikels.

Kapitel 2: Die lineare Perspektive auf Führungskräfteentwicklung

»Führung (engl. Leadership) wird als *absichtliche* und *zielbezogene Einflussnahme* durch Inhaber von Vorgesetztenpositionen auf Unterstellte *durch Kommunikationsmittel* definiert« (Rosenstil, Molt und Rüttinger, 1988).

Dies ist eine gängige Definition von Führung, erstellt von Personen, die sich als angesehene Experten mit dem Thema »Führung« auseinandersetzen. Ich bitte Sie, sich für einen Moment diese Definition auf Ihrer geistigen Zunge zergehen zu lassen. Was bedeutet diese Definition von Führung für die Erhöhung von Führungsqualität?

Ich will Ihnen meine Schlussfolgerungen näher beschreiben und Sie können selbst prüfen, ob das mit Ihren übereinstimmt. Zunächst einmal ist Führung nach dieser Definition offenbar eine Sache von denjenigen, die das professionell machen, den sogenannten Inhabern von Vorgesetztenpositionen. Überhaupt ist also jemand kein »Leader«, wenn er eine solche Vorgesetztenposition nicht hat. Vielleicht fühlt sich da schon der eine oder andere Projektleiter ausgeschlossen? Wenn man sich anhand dieser Definition fragt, wo man denn ansetzen müsse, um Führung zu verbessern, dann sind das die Personen mit Führungsverantwortung selbst. Erste Schlussfolgerung zur Verbesserung der Führungsqualität: Der Fokus liegt auf den einzelnen Führungskräften. So wird, kraft der Definition, aus dem Fokus eine Zielgruppe. Und was liegt näher, als diese Zielgruppe »Führungskräfte« in Seminaren zusammenzubringen, damit sie ihre Führungsqualität verbessern können?

Gute Führung scheint sich von schlechter Führung dadurch zu unterscheiden, wie hochwertig die Einflussnahme auf die Unterstellten ist. Erstens hat offenbar diese Hochwertigkeit von Führung viel damit zu tun, mit welcher Absicht oder mit welchem Grad an Bewusstsein jemand diese Einflussnahme durchführt. Zweitens scheint Führung etwas mit der Bezogenheit auf Ziele zu tun zu haben. Das würde bedeuten, dass diese beiden Perspektiven – wie eine Führungskraft absichtlich Einfluss nehmen kann und wie Ziele dabei hilfreich sein können – integrale Bestandteile von Führungskräfteseminaren sein sollten.

Ein weiterer wichtiger Bestandteil scheinen die Kommunikationsmittel zu sein. Nach der Definition wird gute Führung vor allem dadurch erreicht, dass Kommunikationsmittel effektiv und effizient eingesetzt werden. Eine Schlussfolgerung wäre, dass sich Führungskräfte in Seminaren den Einsatz von Kommunikationsmitteln im Sinne von normativen Modellen aneignen und vielleicht auch ausprobieren können, etwa in Rollenspielen. Übung und Training im Sinne von wiederholter Anwendung und Einübung sowie Reflexion des Gelernten aufgrund von tatsächlichen Begebenheiten in der Vergangenheit sind dann wichtige Bestandteile.

Wenn man sich heute zum Beispiel mit Hilfe des Internets die vielen Angebote zur Steigerung der Führungsqualität ansieht, dann wird man viel Bestätigung für die oben beschriebenen Konstruktionen finden. Die Überschriften könnten direkt von der Definition abgeleitet werden. Da geht es um den eigenen Führungsstil, das eigene Führungsverhalten, um die Qualität und Effizienz von Kommunikation, um die Nutzung von Zielen und Zielvereinbarungen.

Den weithin verbreiteten Ansätzen des Führungskräftetrainings liegt ein lineares Denkmodell zugrunde, das sich aus klassischen Ursache-Wirkungs-Beziehungen ergibt:

Abbildung 1: Linearer Zusammenhang zwischen Qualität der Führung und Leistung der Geführten

Organisationen werden dabei als Maschinen gesehen, die sich eindeutig und klar steuern lassen. Der Begriff »linear« bezieht sich in diesem Zusammenhang auf die Art und Weise, wie Menschen über den Zusammenhang von Ursache und Wirkung nachdenken. Kon-

kret bedeutet das für diesen Fall: Wenn die oben angeführte Definition
von Führung zugrunde gelegt wird, was wird er oder sie tun, um die
Qualität von Führung zu verbessern? Die gedachte Ursache wäre also
die Qualität der Führung, die gedachte Auswirkung wäre dann das Verhalten der Unterstellten. Also könnte das verkürzt bedeuten: Wenn die
Qualität der Führung höher wäre, dann würden sich die Geführten
»besser« verhalten (eine höhere Leistung zeigen, die richtigen Dinge
zur richtigen Zeit mit der richtigen Qualität tun usw.).

Auswirkungen, auf lineare Art und Weise über Führung und Organisation nachzudenken, sieht man z. B. in der Art der Abbildung von
Organigrammen:

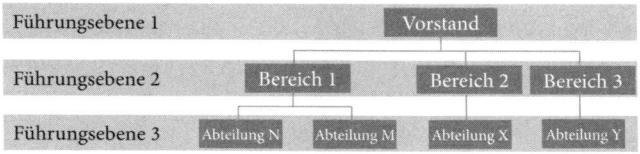

Abbildung 2: Organigramm als lineare Perspektive auf Führung

Hierarchie bildet anscheinend eindeutig ab, wer wen führt, und doch
sind diese Führungsbeziehungen nicht die einzigen in der Organisation,
auch wenn die Darstellung dies suggeriert. Die Denkweise bezogen auf
Führung in Hierarchien hat häufig interessante Nebenwirkungen: Füh-
rungsspannen werden von oben nach unten breiter und es gibt span-
nende Hypothesen von »denen da unten« bezogen auf »die da oben«.
Wechselseitig ist dann häufig zu hören: »Wenn doch nur die da oben«
oder »wenn doch nur die da unten« auf diese und jene Art führen,
arbeiten, leisten würden. Linear gedachte Führungskräfteentwicklung
setzt dann zunächst nur auf einer Ebene an. Die übergreifende Vernetzung wird dann zusätzlich inszeniert. Heute übliche Gestaltungselemente sind z. B. Kaminabende, bei denen Führungskräfte höherer
Führungsebenen an einem Seminarabend zu Besuch kommen, oder
ein mit der Führungskräfteentwicklung gekoppeltes Mentorenpro-
gramm. Ein Entwicklungsprogramm, in dem zeitgleich alle Führungsebenen anwesend sind und an ihren Themen gemeinsam lernen und
arbeiten, konnte ich bisher noch nicht entdecken.

Im klassischen Paradigma der linearen Sicht von Führungskräfteentwicklung kommt dem Trainer als Experten eine Art Lehrerrolle zu. Es wird erwartet, dass er Modelle und Inhalte vermittelt, das Ganze möglichst so, dass die Teilnehmer »zufrieden« sind und »etwas mitnehmen«. Er ist also Fachexperte, Träger der Information darüber, was funktioniert und was nicht. Lernen bedeutet in erster Linie »vom Trainer lernen«, das heißt, ein Training lebt häufig von der Art und Weise der Inszenierung. Interne und externe Trainer folgen dann häufig einem klar vereinbarten Programm mit einem vorab festgelegten Drehbuch, das meistens mit Pilotgruppen general-geprobt und überarbeitet wurde. Die Trainer- und Programmzentrierung hat zur Folge, dass die Erwartungen auf Seiten der Teilnehmer manchmal eher denen eines Fernsehzuschauers ähneln: Die Erwartung ist dann, ein möglichst sättigendes, klar aufeinander aufbauendes, aber bitte nicht zu anspruchsvolles Programm zu bekommen. Die Verantwortung für den Lernprozess liegt beim Anbieter. Damit sind übrigens auch nach außen die Rollen klar verteilt: Ein Dienstleister erbringt eine klar umrissene Leistung nach festgelegten Standards, der oft noch die Teilnehmerzufriedenheit als Gütekriterium zugrunde gelegt wird.

Kapitel 3: Die systemische Sicht auf Führungskräfteentwicklung

Diesem traditionellen und linearen Bild von Führung und Führungskäfteentwicklung möchte ich ein systemisches Verständnis entgegensetzen. Übrigens nicht im Sinne von richtig oder falsch, sondern im Sinne einer Ergänzung und Erweiterung einer konventionellen Perspektive.

In der systemischen Betrachtungsweise geht man davon aus, dass Wirklichkeit im Sinne einer unumstößlichen Realität *nicht* existiert. Wie kann denn etwas *nicht* existieren, was man unter Umständen sogar anfassen oder betrachten kann? Wir alle sind eben leider nicht frei von Interpretationen und Bewertungen. Wirklichkeit im systemischen Sinn ist nicht gleich Wahrheit. Wirklichkeit entsteht im Kopf jedes Einzelnen durch Informationsverarbeitungsprozesse, die sich einerseits aus dem Input der Sinneskanäle speisen und andererseits aus den Erfahrungen, die in Form von Gedächtnisinhalten assoziativ abrufbar sind.

Stark verkürzt kann man also sagen, die Wirklichkeit entsteht im Kopf des Betrachters. In diesem Zusammenhang sprechen Systemiker auch häufig nicht mehr nur von Wahr-nehmung, sondern von Wahr-gebung. Diese Unterscheidung soll andeuten, dass Menschen wesentlich stärker dazu neigen ihre »objektiven« Eindrücke zu subjektivieren, sie also mit ihren Erinnerungen und Erfahrungen assoziieren und daraus ein ganz persönliches Bild von etwas entsteht.

Was hat das aber mit Führungskräfteentwicklung zu tun? Eine mögliche Kernfrage ist: Wozu dient Führungskräfteentwicklung? Geht es nur darum, den oben dargestellten Zusammenhang zu stärken, oder muss nicht noch mehr geschehen? Die Problematik der Idee, etwas losgelöst vom Kontext der Organisation in einem Seminarraum zu vermitteln und anschließend zu einer möglichst sinnvollen Umsetzung zu kommen, heißt Transfer-Problem. Damit ringen bis heute viele Personal- und Führungskräfteentwickler. Zum Qualitätsstandard gehört die Evaluation von Entwicklungsprogrammen. Diejenigen, die ernsthaft versuchen den Nutzen nachzuweisen, sind oft zufrieden, wenn Führungskräfte befriedigende bis ausreichende Noten bezogen auf die Anwendbarkeit von gelernten Modellen geben. Wichtig ist dann oft noch die Zufriedenheit der Trainierten mit den Trainern. Den Führungskräftetrainern kann dann die Anwendung in der Praxis im Prinzip egal sein: Sie sehen die trainierten Führungskräfte in der Regel nicht in ihrem Führungskontext, sondern lediglich im Seminarhotel.

Ich möchte die einseitige Sichtweise auf das lineare Modell von Führung erweitern. Anstelle der »Leistung der Geführten« geht es in meiner Betrachtung um die Gesamtleistung der Beteiligten. Dabei ist die Rolle erst einmal nebensächlich. Ich stelle nicht in Frage, ob es Führung braucht. Viele netzwerkartige Organisationen agieren heute schon erfolgreich in ihren Kontexten. Auch dort findet Führung statt, jedoch in anderer Form als in klassischen Organisationen. Abbildung 3 zeigt verschiedene Einflussfaktoren für die Leistung der Beteiligten:

Wenn man es genau nimmt, dann sind die hier beschriebenen Einflussfaktoren bestimmt nicht vollständig. Zudem beeinflussen sie sich wechselseitig mehr oder weniger stark. Das heißt, die Abbildung gibt nur unzulänglich die Zusammenhänge wieder. Die Antwort auf die Frage: »Was beeinflusst auf welche Art und Weise die Leistungsfähigkeit der Beteiligten?« lässt sich auch mit der systemischen Perspektive

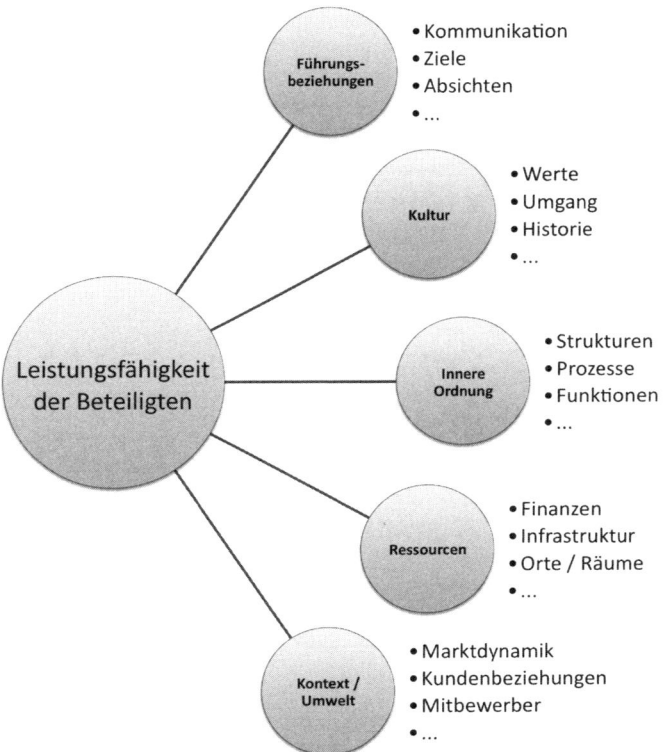

Abbildung 3: Einflussfaktoren auf die Leistungsfähigkeit von Beteiligten in Organisationen

zu keinem Zeitpunkt eindeutig beantworten. Alles hängt mit allem zusammen und die Wirkprinzipien sind vielschichtig – möglicherweise von Kontext zu Kontext verschieden. Das erzeugt im ersten Moment der Betrachtung vielleicht etwas Unwohlsein, denn wir Menschen wünschen uns lineare und eindeutige Zusammenhänge. Dadurch wird die Welt um uns herum durchschaubar und kann leichter kontrolliert werden.

Um handlungsfähig in der Gestaltung von Führungskräfteentwicklungsprogrammen zu werden, können einige Modelle des Instituts für Systemische Beratung hilfreich sein, zum Beispiel das Kontinuum zwi-

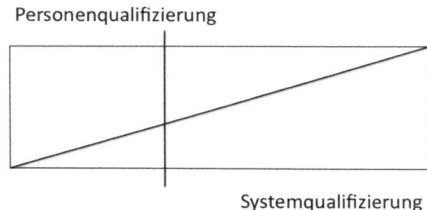

Personenqualifizierung

Systemqualifizierung

Abbildung 4: Personenqualifizierung vs. Systemqualifzierung

schen den beiden Dimensionen Personen- und Systemqualifizierung
(Abb. 4).

Dieses zunächst einfache Modell führt zu der Überprüfung, wo denn
der Fokus von Qualifizierung überhaupt liegen soll.»Wer einen Ham-
mer hat, der will Nägel einschlagen«, sagt ein Sprichwort. Die Frage ist,
ob eine Qualifizierung einzelner Personen oder gar einer Zielgruppe
als einzelne Intervention überhaupt ausreichend ist oder ob nicht eine
Organisation oder ein Teil der Organisation (ein System) und dessen
Bezüge qualifiziert werden müssen. Unter Systemqualifizierung werden dabei alle Maßnahmen verstanden, die zum Ziel haben, das System
an sich zu optimieren. Darunter fallen Maßnahmen zur Veränderung
von Ablauf- und Aufbauorganisation, Verteilung der Verantwortung,
Feedbackmechanismen, aber auch die Gestaltung der Team- und Führungskultur.

Das Modell ist jedoch so aufgebaut, dass sich Personen- und Systemqualifizierung nicht wechselseitig ausschließen, sondern im besten
Fall ergänzen: Es lässt sich dann auch von systemintelligenter Personenqualifizierung und personenintelligenter Systemqualifizierung
sprechen.

Systemintelligente Personenqualifizierung stellt sicher, dass die
erworbenen Qualifikationen zum besseren Funktionieren des Gesamtsystems beitragen, während personensensible Systemqualifizierung das
vorhandene Potential der Beteiligten möglichst optimal zur Geltung
bringen möchte.

Wie bereits beschrieben ist im linearen Paradigma das Organigramm
eine verbreitete Möglichkeit, um die inneren Zusammenhänge von
Organisationen darzustellen und über die Führungsorganisation nachzudenken. Kaum jemand kommt heute auf den Gedanken, die inneren

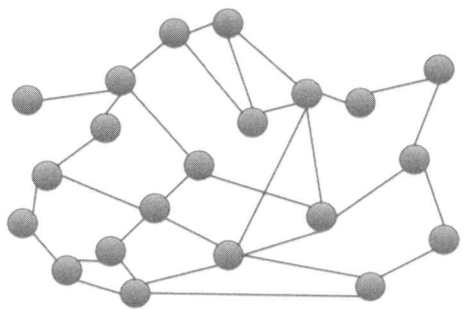

Abbildung 5: Organisation als Netzwerk

Zusammenhänge in ihrer tatsächlichen Form abzubilden. Tatsächlich jedoch existiert in jeder Organisation ein Netzwerk von Verbindungen auch über Hierarchien hinweg (Abb. 5).

Die Vereinfachung, die Organigramme zur Orientierung bieten, lässt sich mit einer Netzwerkdarstellung jedenfalls nicht erzielen – wohl aber das Zusammenspiel der Organisation an neuralgischen Punkten. Klassischerweise wird ein Organigramm verwendet, um die normative Verteilung von Weisungsbefugnissen und Aufgaben darzustellen und weniger die momentane Vernetzung einzelner Mitglieder. Es geht an sich hier auch nicht so sehr um die Darstellung und die wahrgenommene Ordnung. Vielmehr ist es interessant, einige Fragen für die Führungskräfte aus dem systemischen Paradigma abzuleiten:

- Was bedeutet es für eine Führungskraft, wenn eine Organisation als Netzwerk und nicht als hierarchisches Organigramm betrachtet wird?
- Welche Gestaltungsmöglichkeiten hat eine Führungskraft im System?
- Welche persönlichen Fähigkeiten sind dann gefragt?
- Welche Bedeutung haben Reflexion und Rückkopplung in einem Netzwerk im Vergleich zu einer hierarchischen Denkweise?
- Welche Qualifikationen muss Führungskräfteentwicklung hervorbringen und wie?

Angesichts solcher Fragen wird klar, dass die systemische Perspektive auch zu einer grundlegenden Veränderung von Führungskräfteseminaren führt.

Kapitel 4: Hypothesen zur systemisch orientierten Gestaltung von Programmen der Führungskräfteentwicklung

Im Vergleich zwischen der linearen und der systemischen Perspektive lassen sich einige Hypothesen ableiten:

Hypothese 1: Führung wird heute im »How-to«-Stil vermittelt, das heißt, normative Führungsmodelle stehen im Vordergrund, die dann in gelebte Führungspraxis umgesetzt werden sollen.

Das Verständnis von Führung ist heute eher das einer zusätzlichen Herausforderung oder Aufgabe – neben fachlich-inhaltlichen Aufgaben. Um Führung zu bewältigen, braucht es deshalb Zeit und Modelle. Ein solcher Blick auf Führung entsteht häufig schon in den untersten Führungsebenen und wird genau so empfunden: In der Mitarbeiterrolle hat eine Person eine Reihe von Aufgaben und passende »Werkzeuge«. Nun wird diese Person zur Führungskraft ernannt oder ausgebildet. Das Aufgabengebiet ändert sich, die Hilfsmittel auch. Also lässt sich Führung ähnlich einer Schulung für eine neue Aufgabe vermitteln.

Aus der ganzheitlich-systemischen Sicht am Institut für Systemische Beratung wird der Mensch als Ganzes betrachtet: Er selbst ist sein bestes Werkzeug. *Personare* bedeutet »durchtönen«. Die Frage ist: Was tönt durch mich hindurch, wenn ich mit anderen Menschen in Kontakt bin? Was erzeugt Resonanz? Wodurch erzeuge ich Wirkung? Was sich zunächst vielleicht merkwürdig anhört, bringt einen hohen Nutzen: Das Bewusstsein für die eigene Wirksamkeit wird geschärft, noch ohne dass eine Führungskraft ein Tool gelernt hat. Sie begreift sich selbst als universelles Werkzeug, das in ganz bestimmten Einsatzbereichen wirkungsvoller ist als in anderen.

Hypothese 2: Führung wird im klassischen Sinne eher trainiert (dressiert) als ausgebildet (Coaching-basiert).

Möglicherweise liegt eine Ursache darin, dass momentan der Trend eher zu Kurzzeit- oder Nanotrainings geht. Mehr Inhalte in immer kürzerer Zeit sollen vermittelt werden. Wenn Führungskräfteentwicklung zumindest verhaltensorientiert angeboten wird, dann besteht die Möglichkeit, neue Verhaltensweisen z. B. in Rollenspielen zu vertiefen. Oft folgt die zugrunde liegende Didaktik einem Dreischritt: Präsentieren → Üben → Umsetzen (in der Organisation). Nur wird der Transfer von der Übung in den Alltag manchmal schwierig. In manchen Trainings kann man regelrecht beobachten, wie Führungskräfte etwas »antrainiert« bekommen, was sie so auf keinen Fall umsetzen werden. Wenn Übungen eher als eine Pflicht und gute Idee der Seminargestalter gesehen sind, ist der Sinn für die Kunden fraglich.

Am Institut für Systemische Beratung ist die Etablierung einer Lernkultur der wichtigste Erfolgsfaktor zur Gestaltung einer gelungenen Ausbildung. Die Etablierung der Lernkultur erfolgt im ersten Baustein und zieht sich als roter Faden über alle Ausbildungsmodule hinweg. Zu Beginn geht es darum, die Teilnehmer eines Curriculums in einen guten Kontakt mit sich selbst und den anderen zu bringen und ein hohes gegenseitiges Vertrauensverhältnis aufzubauen. Für viele ist das bereits ein außergewöhnliches Erlebnis und bereitet den Boden für relevantes Lernen. Zielsetzung ist, die Teilnehmer vom Konsumenten in eine »Pro-sumenten«-Haltung zu bringen und sich als Bestandteil des Lernsystems zu begreifen. Eine wesentliche Leistung des Instituts ist es dabei, diese Kultur herzustellen und aufrechtzuerhalten.

Hypothese 3: Der Fokus in Führungskräfteprogrammen liegt weniger auf dem Entdecken und Ausbau vorhandener Ressourcen, sondern mehr in der Vermittlung von Techniken und Modellen.

Der Entwicklung von Führungskräfteprogrammen geht meist eine Bildungsbedarfsanalye voraus. Es ist durchaus ein probates und professionelles Vorgehen, sich vor dem Design einer Bildungsmaßnahme ein Bild zu machen. Doch auch hier bestimmt die Art und Weise des Vorgehens das Resultat mit. Einer großen Beliebtheit erfreuen sich Gap-Analysen: Man definiert anhand von Dimensionen, wie ein optimales Verhalten sein soll, und bestimmt durch Interviews oder Fragebögen wie Verhalten »ist«. Die Auswertung ergibt dann Lücken, die mit Hilfe von diversen Bildungsmaßnahmen gefüllt werden. Das Vorgehen wirkt vordergründig logisch und nachvollziehbar. Als Ergebnis entstehen »one-fits-all«-Bildungsmaßnahmen, die für den Durchschnitt wohl passend wären, für die einzelne Führungskraft mit ihrem persönlichen Erfahrungshorizont und den vorhandenen Fähigkeiten aber eher suboptimal sein können.

Aus systemischer Sicht spricht einiges dafür, die Rollenkompetenz von Führungskräften zu stärken. Fraglich ist jedoch, ob dies dadurch erreicht wird, indem man sich auf das »Ausmerzen« von Schwächen einzelner handelnder Personen fokussiert. Vielmehr kann hier der bewusste Umgang mit den eigenen Stärken und Schwächen und die Ausbildung eines persönlichen Profils hilfreich sein. Was hier zählt, ist nicht der Durchschnitt von Ausprägungen in einem Profil, sondern eine maximale Wirksamkeit der Persönlichkeit. Dies ist mit »Ecken und Kanten« und Stärken in ausgewiesenen Gebieten wesentlich wahrscheinlicher als bei Führungspersönlichkeiten mit einem insgesamt eher durchschnittlichen Gesamtprofil. Wenn überhaupt, dann wird Selbstkenntnis in linearen Führungskräftetrainings durch den Einsatz von Messinstrumenten oder Feedbackinstrumenten unterstützt. Die Fähigkeit zur Selbstreflexion im Sinne eines »sich Erkennens in anderen« wird damit zunächst nicht gefördert. Führungskompetenz aus systemischer Sicht wird jedoch weniger durch die Vermittlung von Techniken und Modellen, sondern mehr durch die Steigerung der Fähigkeit zur Selbststeuerung, bezogen auf reale Führungssituationen, erreicht.

Hypothese 4: Der Transfer aus der Seminarsituation in den Führungsalltag wird oft nur mit Hilfsmitteln versucht (Lerntagebuch, Dokumentation, Anker).

Aus Sicht eines Seminaranbieters ist es nachvollziehbar, sich die Frage zu stellen, mit welchen Hilfsmitteln er den Transfer in den Führungsalltag unterstützen kann. Transfer bedeutet in diesem Sinne, Erinnerungshilfen oder »Anker« zu schaffen, in denen Gelerntes erinnert wird und aus der Seminarpraxis heraus zur Anwendung kommt. Probate Mittel sind hier Lerntagebücher oder auch eine gute Dokumentation der Lerninhalte zum Nachschlagen. Durch Miniaturisierung oder

Elektronifizierung der Inhalte kann versucht werden, die Benutzbarkeit der verwendeten Medien noch mal zu steigern. Meist bleibt diese Form der Optimierung jedoch hinter den Erwartungen zurück.

Aus systemischer Sicht kann die Frage lauten: Welche Elemente aus der Lernkultur am Institut für Systemische Beratung, die von den Teilnehmern im Seminarkontext als hilfreich beim Lernen erlebt wurden, können Elemente in der Organisationswelt sein? Transferiert werden also nicht inhaltliche Modelle und Techniken, sondern Kulturelemente! Aus dieser Perspektive ist eine beispielhafte Antwort (von Teilnehmern): die Etablierung von kollegialer Beratung in der Organisation. Eine weitere Möglichkeit besteht im Coaching von Führungskräften in Echtsituationen durch den Lehrtrainer aus dem Seminarkontext – vor Ort oder per Telefon.

Hypothese 5: Führung im Seminarstil umfasst heute immer weniger Zeiträume, in denen Entwicklung stattfindet und reflektiert werden kann.
Wenn programmatische Führungskräftetrainings hoch getaktet sind, bleibt insgesamt wenig Zeit für Reflexion des eigenen Handelns. Konsequenzen werden nicht durchdacht, Einstellungen und Grundsätze nicht definiert. Wesentliche Themen bleiben unter der Oberfläche. Das wertvollste Führungsinstrument, die Person selbst, wird nicht richtig eingestimmt.

Interessant ist, was manchmal gerade jungen Führungskräften passiert, denen in Seminaren Freiraum zur Reflexion gegeben wird. Sie beschäftigen sich dann gern und ausgiebig »in diesen Pausen« mit ihrem elektronischen Kommunikator anstatt mit sich selbst. Es genügt nicht, Freiräume einzubauen, wenn die Menschen nicht wissen, wie sie diese nutzen sollen. Auch hier hilft eine »How-to-Anleitung« meist nicht weiter. Wesentliches Element zur Förderung von Selbst- und Fremdreflexion ist an dieser Stelle wieder die Lernkultur. Ohne diese im Seminar- und Organisationskontext zu etablieren und erlebbar zu machen wird Führungskräfteentwicklung ihrem Namen nicht gerecht.

Hypothese 6: Kollegialer Austausch und gegenseitige Beratung werden heute wenig als Kulturelement in Führungsebenen genutzt, gefordert und vorgelebt. An der Tagesordnung ist häufig interner Wettbewerb um die höhere Position auf der nächsten Führungsebene, was gegensei-

tige Hilfe und Unterstützung ausschließt. Man ist selbst viel zu verletzlich.

Viele Führungskräfteentwickler erleben in ihrer Berufspraxis, wie
wertvoll es sein kann, kollegiale Beratung als Modell für das Lernen
von- und miteinander in den Seminarkontext zu integrieren. Kollegiale
Beratung hat das Ziel, Lösungen für konkrete Praxisprobleme zu erarbeiten. Durch die Bewältigung der für die Fallgeber schwierigen
Situationen steigt die berufliche Zufriedenheit und eine konstruktive
Einstellung zum eigenen Handeln wird fördert. Die anderen Teilnehmer profitieren von den erlebten Beratungssequenzen durch das
eigene Mitwirken und gewinnen ebenfalls neue Einsichten für ihre
eigene Berufspraxis. Damit erweitert sich quasi im Vorbeigehen das
eigene Repertoire an Möglichkeiten im Umgang mit herausfordernden Situationen. Themen wie Verbesserung der Zusammenarbeit,
umsichtige Entscheidungsfindung zur systematischen Problemlösung
oder Konfliktklärung können damit besonders gut bearbeitet werden.
Gleichzeitig wird die Reflexion der eigenen beruflichen Tätigkeit und
der Rollenkompetenz gefördert.

Wenn man die Seminarteilnehmer nach den Gründen für den Erfolg
von kollegialer Beratung im Seminarkontext fragt, dann erhält man
häufig den Eindruck, dass kollegialer Umgang in den Unternehmen
nicht gepflegt wird. Es wird vielmehr ein Wettbewerb um die nächst
höheren Positionen inszeniert, der dazu führt, dass Energie auf den
Konkurrenzkampf gerichtet wird. Dabei bleiben kontinuierliches Lernen, sich selbst reflektieren und verbessern auf der Strecke zu Gunsten
der Selbstdarstellung. Ein offener Umgang mit eigenen Fehlern oder
das Ringen um einen guten Umgang mit eigenen Inkompetenzgefühlen bleiben außen vor. Die Wirksamkeit von kollegialer Beratung
verpufft, wenn sie lediglich Bestandteil der Seminarkultur bleibt.
Vielmehr entsteht ein hoher Nutzen durch eine gute Verzahnung von
Seminarmethodik und gelebter Führungspraxis im Unternehmen.
Führungskräfteentwicklungsmaßnahmen ohne Einbettung in die Unternehmenskultur lassen viele Potentiale ungenutzt.

Kapitel 5: Umsetzung in einem systemischen Führungskräftecurriculum

An einem Beispiel möchte ich zeigen, wie *eine* mögliche Umsetzung in der Praxis aussehen kann.

Rückmeldungen von Teilnehmern nach dem ersten Baustein:
»Ich habe schon an einigen Weiterbildungen teilgenommen und hatte nur die Erwartung, dass es einfach noch so ein Seminar ist. Es war aber ganz anders. Das, was hier als Lernkultur bezeichnet wird, scheint für mich ein Schlüssel zum Lernen einer neuen Dimension.«
»Es war total anstrengend! Ich bin bewegt durch das, was ich hier inhaltlich und über mich selbst lernen konnte.«
»Ich war am Anfang skeptisch und hätte nie gedacht, dass sich Menschen in wenigen Tagen so intensiv kennenlernen können. Ich glaube, dass wir durch diese persönlichen Beziehungen sehr viel mehr miteinander lernen.«
»Ich bin froh, dass wir uns über ein Jahr hinweg immer wieder sehen, und bin gespannt wie ich am Ende eines solchen Jahres da stehe. Das wird ein besonderes Jahr.«

Zu Beginn des Curriculums und als wesentliches Element steht die Einführung der Teilnehmer in die Lernkultur. Die verwendete Didaktik besteht aus einer aufeinander aufbauenden Abfolge von induktivem und deduktivem Lernen sowie Kultur- und Persönlichkeitsarbeit (Abb. 6).

Elemente von Kulturarbeit werden in erster Linie mit sogenannten Spiegelungsübungen durchgeführt. Das sind Abläufe wechselseitiger Reflexion und Rückmeldung in der Begegnung der Teilnehmer. In diesen professionell geführten Begegnungen werden sich die Beteiligten ihrer Wahrnehmungen voneinander bewusst. Sie machen sich ihre Bilder übereinander zugänglich, die üblicherweise unbewusst Verhalten steuern und die Kommunikation wesentlich beeinflussen.

Induktives Lernen kommt jeweils direkt aus der Berufspraxis der Teilnehmer. Das fallorientierte Vorgehen sichert den Bezug und den hohen Nutzen. Gleichzeitig entsteht die Möglichkeit, Metamodelle auf

Abbildung 6: Gestaltungselemente von Curricula am Institut für Systemische Beratung

die Fälle anzuwenden und neue Lösungen für festgefahrene Problemmuster zu generieren. Die Leistung des Lehrtrainers besteht darin, passende und nachvollziehbare Designs anzubieten und in verschiedenen Variationen zu wiederholen. In der Redundanz der Vorgehensweise besteht auch die Lernchance für die Teilnehmer, Problemlöseprozesse in ihr eigenes Verhaltensrepertoire aufzunehmen.

Die folgende Fallvignette zeigt, wie Personalarbeit besser gelingt am Beispiel der Einführung von Kompetenzmanagement. Im Rahmen des Curriculums bringt eine Teilnehmerin einen Fall ein: Sie möchte in Abstimmung mit der Geschäftsleitung Kompetenzmanagement im Unternehmen einführen.

Sie selbst ist Personalleiterin eines mittelständischen High-Tech-Unternehmens, das in den letzten Jahren ein Wachstum von über 100 % zu bewältigen hat. Die Ausstattung der Personalabteilung ist jedoch vergleichsweise dünn. Sie selbst ist überwiegend mit operativen Aufgaben »zu«. Sie sieht die strategische Bedeutung für die Einführung von Kompetenzmanagement als hoch an. Als Anliegen wählt sie dieses Thema, weil sie intuitiv spürt, dass etwas mit diesem Thema »nicht stimmt«. Sie bringt die Qualifikation zum Thema Kompetenzmanagement mit und sieht auch die Notwendigkeit. Irgendetwas drückt sie und sie weiß nicht genau, was es ist.

Design der kollegialen Beratung:

1. Ortsbegehung im Plenum (15 Minuten)
2. Bildung von drei Untergruppen (45 Minuten)
   - Hypothesenbildung (Ursachenhypothesen, Entwicklungsfördernde Hypothesen, usw.)
   - Auswahl der zutreffendsten Hypothesen durch die Fallbringerin
   - Ausarbeitung einer Lösung
3. Präsentation der Lösungen im Plenum (30 Minuten)
4. Handlungsorientierung: Was davon möchte die Fallbringerin wann und wie umsetzen? (10 Minuten)

In der Ortsbegehung der Thematik erfährt die Gruppe eine Menge Details zum Fall. Auf der Personenebene äußert die Fallgeberin ihre Bedenken hinsichtlich der persönlichen Belastbarkeit durch die zusätzliche Beanspruchung durch ein solches Projekt. Bezogen auf ihr Fachwissen hat sie keine Bedenken. Auf der Systemebene gibt sie zu bedenken, dass die Organisation keinerlei ausgewiesene Erfahrung mit dem Management von Projekten hat. Alle Führungskräfte vom dreiköpfigen Vorstand bis hin zur Meisterebene haben bisher neue Themen pragmatisch quasi im Vorbeigehen erledigt. Nachdem sich in den letzten Monaten die Ereignisse überschlagen haben, sind strategisch wichtige Themen immer wieder verschoben oder verdrängt worden. Offiziell wurden bisher keine Aktivitäten begraben, dafür immer weiter neue begonnen.

Auf der Basis dieser Informationen wurden Hypothesen und Lösungsmöglichkeiten durch drei Kleingruppen ausgearbeitet. Während der Ausarbeitung rotierte die Fallgeberin zusammen mit dem Lehrtrainer durch die Untergruppen. Dabei priorisierte sie die erarbeiteten Hypothesen und gab weitere Informationen.

Nach der Gruppenarbeitszeit wurden die Lösungsvorschläge der Kollegen präsentiert und diskutiert. Interessant war nebenbei auch die Gruppenbildung. Eine Gruppe bestand aus direkten Kollegen der Fallbringerin, die Mitglieder der beiden anderen Gruppen kamen jeweils aus anderen Unternehmen.

Die Gruppen hatten unabhängig voneinander drei unterschiedliche Arbeitsergebnisse erstellt. Die erste Gruppe hatte den Fokus auf die Selbststeuerung gelegt und ausgearbeitet, auf welche Art und Weise die besondere Arbeitsbelastung während der Projektlaufzeit bewältigt werden sollte. Das Ergebnis der zweiten Gruppe fokussierte auf das Management eines solchen Projekts und erstellte eine komplette Roll-out-Planung. Die dritte Gruppe der internen Kollegen erstellte einen Plan zur Führung und Integration der Geschäftsleitung in den Gesamt-prozess, um die Nachhaltigkeit der Maßnahme sicherzustellen.

Nach der Präsentation der drei Gruppen durfte die Fallbringerin ihre nächsten Schritte definieren und festlegen. Im Endeffekt erstellte sie sich einen persönlichen Aktionsplan, der alle drei Gruppenergeb-nisse in eine persönliche Planung integrierte.

In der Feedbackrunde erklärte sie: »Ich hätte nie gedacht, dass ich so viele gute und konkrete Anregungen bekomme. Ich fühle mich gut gerüstet und bin neugierig, das alles umzusetzen. Im Moment habe ich keine Bauchschmerzen mehr.«

Während der Zeit zwischen den Bausteinen gab es zu diesem Thema zweimal Kontakt zum Lehrertrainer, um konkrete Anliegen zu klären. Soweit schien sie ihren Plan gut umsetzen zu können. Nach vier Wo-chen jedoch erlebte sie sowohl aus der Sicht des Projekts (Prioritäten wurden wieder verschoben) als auch hinsichtlich ihrer persönlichen Belastbarkeit (»Ich weiß nicht mehr, wie ich das schaffen soll«) eine Krise. Dies führte zu einem Treffen mit drei Teilnehmern aus dem Kurs vor Ort. Das Ergebnis dieses Treffens war die Organisation von Hilfe für ihr privates Umfeld, um sie kurzfristig dort zu entlasten, sowie ein Krisenplan zur Bewältigung der Abweichungen. Zum Zeitpunkt des nächsten Seminarbausteins berichtete sie stolz von den erreichten Er-gebnissen. Diese waren für sie jedoch zweitrangig: Sie hatte mehr das Gefühl, auf den konkreten Rückhalt aus der Gruppe zurückgreifen zu können, was sie insgesamt als sehr bereichernd erlebte.

Deduktives Lernen bezieht sich auf die Umsetzung von Theorie in die Berufspraxis und hat Überschneidungen mit der üblichen In-szenierung von Führungskräftetrainings. Perspektiven und Konzepte werden von einem Lehrtrainer durch Impulsvorträge eingebracht. Ein möglicher Unterschied ist dabei jedoch die Gewichtung von Qualität und Quantität. Üblich ist der Fokus auf wenige, handlungsleitende Konzepte und Metamodelle, die dann vertieft werden, anstatt viele Modelle nur oberflächlich darzustellen. Weiterhin erfolgt die Auswahl der Themen aufgrund des Bedarfs der Teilnehmer aus einem Themen-pool, weniger aufgrund der programmatischen Festlegung.

Ein weiteres wesentliches Element besteht im sogenannten »Fragmentarischen Lernen«. Dabei wird die Annahme in Frage gestellt, dass Lernen nur dann sinnvoll ist, wenn ein Thema von allen Perspektiven durchdrungen und analysiert ist. »Fragment« heißt dabei nicht, dass nur ein Teil gelernt wird. Die Annahme ist, dass an einem kleinen Teil oder Ausschnitt das Ganze dahinter sichtbar und spürbar wird. Lernereignisse in einem Führungskräftecurriculum sind nach dieser Logik dann erfolgreich, wenn sie in einer hohen Qualität Lösungen für größere Themenfelder durchscheinen lassen. Die Lernqualität wird demnach nicht gesteigert durch einen höheren Durchsatz von bearbeiteten Themen, sondern durch die Tiefe der Bearbeitung.

Das Bayerische Führungskräftecurriculum hat darüber hinaus noch einige weitere Design-Merkmale:

1. Persönliche unternehmensübergreifende Netzwerke und mit hohem Regionalbezug. Zumeist bleiben Führungskräfte eines Unternehmens unter sich, wenn es um die Ausbildung geht. Dabei lassen sich in der Vielfalt der Probleme häufig ähnliche Muster erkennen, die auch ähnliche Lösungen ermöglichen. Der unternehmensübergreifende Austausch fördert auch das Vertrauen zwischen den Teilnehmern. Gerade wenn nicht nur Insider dabei sind, kann jemand offen über seine Führungsthemen berichten. Die Beschränkung auf Teilnehmer aus einer Region ist eher ein bewusster Vorteil für alle Lernmöglichkeiten zwischen den offiziellen Seminarbausteinen. Teilnehmer verschiedener Unternehmen treffen sich in Peergroups organisiert auf freiwilliger Basis, um sich über ihre Führungsthemen auszutauschen und auf dem Laufenden zu halten. Der wesentliche Aspekt liegt dabei auf der Bildung von persönlichen Kompetenznetzwerken, die über die Laufzeit des Curriculums Bestand haben und so eine nachhaltige Entwicklungsförderung darstellen.

2. Coaching on Demand. Zur besseren Verzahnung von Seminar- und Organisationskontext fungieren Lehrtrainer als Coach für die Teilnehmer zwischen den Seminarbausteinen. Coaching-Gespräche finden entweder direkt vor Ort, beim Coach oder telefonisch statt und werden regelmäßig von den Teilnehmern genutzt. In bestimmten Fällen wird der Coach auch bei der Umsetzung von Themen in der Rolle eines Moderators direkt im Unternehmen tätig.

Themen und Aktivitäten, werden im Rahmen der Seminarbausteine vorbereitet, so dass sie direkt in den Organisationskontext eingewoben werden. Rückmeldungen über die Ereignisse und den Fortschritt in den jeweiligen Organisationen fließen zurück in den Seminarkontext und können dort weiterführend kollegial bearbeitet werden. Persönliches Lernen findet also immer im Kontext der Organisationen und dortiger Herausforderungen statt. Die Lernarbeit im Seminar wird damit über die Zeit des Curriculums zur Transferhilfe.

Kapitel 6: Fazit

In diesem Beitrag geht es nicht darum, Besseres mit Schlechtem zu vergleichen. Vielmehr soll durch einen Perspektivenwechsel die klassische Vorgehensweise im Bereich der Führungskräfteentwicklung eine Erweiterung erfahren. Persönlich arbeite ich nach wie vor in beiden Ausprägungen der Seminarwelt und glaube dadurch gut vergleichen zu können. Mein Anliegen ist es, möglichst viele didaktische Elemente und Überlegungen, die ich aus der systemischen Perspektive als wirkungsvoll erlebe, in Qualifizierungsprojekte zu transferieren und einzusetzen. Einer der wichtigsten Unterschiede liegt in der Rolle und Haltung des Trainers. In beiden Fällen liegt die Verantwortung für den Rahmen beim Trainer. Führungskräfteentwicklung im Sinne des Instituts für Systemische Beratung fordert jedoch wesentlich mehr die persönliche Haltung als Coach denn als Präsentator. Als Coach schaffe ich üblicherweise Lerngelegenheiten für Einzelpersonen. In einem Führungskräfteentwicklungsprogramm ist diese Perspektive ausgedehnt auf die Gruppe. Der wesentliche Unterschied der systemischen Didaktik, der über die persönliche Haltung hinausgeht, liegt jedoch in der Etablierung einer Lernkultur. Die Zielsetzung und der Nutzen dieser Lernkultur sind vielfältig: Die Lernenden begreifen sich wesentlich stärker als aktive Beteiligte in einem gemeinsam zu gestaltenden Lernprozess. Gleichzeitig erhält Lernen im Sinne von kontinuierlicher Verarbeitung von Rückmeldungen und gleichzeitiger Integration neuer Sichtweisen einen anderen Stellenwert. Die Sensibilisierung von Teilnehmern für die hohe Qualität von Lernprozessen im dialogischen Miteinander sowohl in der Seminar- als auch in der Organisationswelt führt zu wesentlichen Transferleistungen, und zwar in beiden Richtungen.

Wie sich am Beispiel des Bayerischen Führungskräftecurriculums zeigt, sind die Grundlagen der Didaktik des Instituts für Systemische Beratung übertragbar. Trotzdem musste die Inszenierung an die spezifischen Anforderungen aus der Welt der Führungskräfte angepasst werden. Insgesamt sind die Lernzyklen zeitlich knapper getaktet und dichter gepackt als beispielsweise in einem Curriculum für Coaches. Ein wesentlicher Unterschied besteht in bewusst gestalteten Angeboten für die Zeit zwischen den Seminarbausteinen, die eine konkrete Umsetzung in der Praxis verstärken.

Weitere Informationen zum Führungskräftecurriculum finden Sie im Internet unter: http://www.minor.de

Literatur

Rosenstil, L. von, Molt, W., Rüttinger, B. (2005). Organisationspsychologie (9. Aufl.). Stuttgart: Kohlhammer.

Der Autor

Markus Schwemmle (Jg. 1968) ist seit 2007 selbständig als Unternehmensberater, Coach und Führungskräfteentwickler tätig. Er leitet ein eigenes Dienstleistungsunternehmen und ist Master am Institut für Systemische Beratung in Wiesloch und dort als Lehrtrainer tätig. Er verfügt über eigene Erfahrungen als Führungskraft in einem internationalen Konzern.

Seine wesentlichen Arbeitsschwerpunkte liegen in der Begleitung von Veränderungsprozessen und in der Führungskräfteentwicklung.
E-Mail-Kontakt: markus@schwemmle.de

Jutta Wenzl

Lernen und lernen lassen

Qualifizierung des HR Teams: Systemische Kompetenz in Veränderungsprozessen

Der Kontext

Sich tagtäglich mit den Widersprüchen einer sich im Wandel befindenden Organisation auseinanderzusetzen, dabei sowohl dem System als auch dem Individuum gerecht zu werden, operativ und gleichzeitig strategisch und konzeptionell zu arbeiten – das sind unsere größten Herausforderungen. Organisatorische Veränderungen und Personalwechsel bestimmen die Tagesordnung. Das war und ist der Kontext, in dem wir uns als Cognis-HR-Team bewegen: Ausgliederung von Henkel, Verkauf an Private-Equity Companies, Business Modell Redesign und weitere viele kleine und große Veränderungen sind von unserem jungen HR-Team begleitet worden.

Als junge, dynamische Mannschaft mit Enthusiasmus und Spaß bei der Sache, haben wir mit viel Energie und Zeit von 1999 an das neue Unternehmen Cognis mitgestaltet: Change Management und Begleitung der Mitarbeiter bei der Ausgliederung, die Beschreibung der neuen Kultur zusammen mit der Unternehmensleitung und deren Verankerung in unseren Cultural Principles, das Kompetenzmodell neu definiert, weltweit neue HR-Tools und -Prozesse eingeführt, ein eigenes internationales Weiterbildungsprogramm aufgebaut und, und, und … diese Liste lässt sich beliebig weiterführen. Im Prinzip hatten wir den Luxus, eine Art Start-up in einem etablierten, weitgehend sicheren Rahmen zu begleiten und mitzugestalten.

Die Herausforderungen für Führungskräfte sind im Laufe der Zeit permanent gestiegen: starke Performance-Orientierung, Optimierungen und Restrukturierungen, Leistungsverdichtung, hohe Komplexität, immer schnellere Veränderungsgeschwindigkeiten.

Und wir in HR sahen uns immer wieder mit neuen Anforderungen konfrontiert. Wir mussten und wollten unser Wissen und unsere Fähigkeiten erweitern, um unser dynamisches HR-Geschäft noch besser zu machen. Folgende Fragen stellten sich für uns: In welchen Rollen werden wir immer wieder angefragt? Werden wir diesen wirklich gerecht? Wollen wir diese haben? Was können wir noch besser machen? Wie können wir noch professioneller werden? Was können wir anders machen? Wie können wir tatsächlich zum viel zitierten HR-Business-Partner werden? Wie führen wir Regie?

Das Inhouse-Curriculum

Auf der Suche nach Antworten auf diese Fragen haben wir uns dazu entschlossen, zusammen mit dem ISB Wiesloch ein Inhouse-Curriculum für das HR-Team mit folgender Zielsetzung durchzuführen:

- Entwicklung eines gemeinsamen Rollen- und Beraterverständnisses sowie eines systemischen Grundverständnisses und damit einer gemeinsamen professionellen Sprache;
- Kennenlernen und Aushandeln von unterschiedlichen Rollen im Auftragskontext von Cognis gegenüber den internen Kunden;
- Gestalten von Kontrakt- und Kontaktsituationen;
- Kennenlernen von individuellen und systembezogenen Steuerungssystemen für die Arbeit im HR-Bereich;
- Vermittlung von Tools, Methoden, Fachkenntnissen für die systemische Beratung von Organisationen, Teams und einzelnen Führungskräften und damit einhergehend die Neudefinition der Beziehung zu unseren Kunden und des Beratungsprozesses;
- Entwicklung von Prozesskompetenz und individueller Beraterpersönlichkeit;
- Gewinnen einer »Kulturgestaltungshaltung«.

In sechs Bausteinen à zwei Tagen mit Wiesloch-Lehrtrainern plus jeweils einem Tag im Anschluss für interne Themenbearbeitung (moderiert von mir) und für die konkrete Umsetzung der Lernerfahrungen
haben wir an konkreten Cognis Fragestellungen und Zielorientierun-
gen gearbeitet. Strategie- und Praxisfragen wurden im Rahmen kollegialer Beratung erläutert.

Auf Basis dessen haben wir folgende Bausteine definiert:

1. Landkarten für Organisationen
2. Kontakt- und Kontraktgestaltung – komplementäres Arbeiten
3. Systemlösungen in OE- und PE-Projekten
4. Teamcoaching, Teamentwicklung, Teamprozesse begleiten
5. Management, strategische Führung und Beratung von Innovationen
6. Professionelle Standortbestimmung

Lernerfahrungen

Unsere Lehrtrainer zeichneten sich durch hohe Professionalität gepaart
mit Menschlichkeit aus. Ihr fairer, immer wertschätzender Umgang
sowie die gelungene Verknüpfung der Arbeits- und Lernkultur des Instituts mit unseren praxisbezogenen, spezifischen Anliegen haben uns
neue Impulse und Ideen gegeben und unsere Kompetenzen erweitert.
Sie haben uns auf individueller und auf Teamebene immer wieder zum
Erkennen und Durcharbeiten der eigenen Denkmuster sowie zur Reflexion darüber angeregt. Vom ersten Modul an konnten wir unsere neu
gewonnen Erkenntnisse in der Praxis anwenden und die Unterschiede
erleben. Ausprobieren und Experimentieren mit dem Neuen sowie die
anschließenden inspirierenden Diskussionen im Team, aber auch mit
den Lehrtrainern haben zu nachhaltigen Lerneffekten geführt.

Herausgekommen ist dabei mehr als das Arbeiten mit einer neuen
Toolbox. Das Curriculum hat seine Wirkung auf einer sehr tiefen Ebene
entfaltet: Haltung und Perspektiven sowohl des Einzelnen als auch des
Teams haben sich geändert. Wir haben den Zugang zur eigenen Intuition sowie dessen Nutzen für unsere Arbeit schätzen gelernt. Wir
können heute wesentlich besser mit Widersprüchen, Paradoxien und
Unsicherheiten umgehen. Die kollegiale Beratung ist fester Bestandteil
unserer HR-Kultur geworden.

Wesentlich ist sicherlich die Verankerung des zirkulären Fragens in unserem Denken und Handeln. Wir möchten verstehen, was läuft: stellen Fragen, bilden Hypothesen und reflektieren, bevor wir Interventionen planen und durchführen. Eine saubere Auftragsklärung, Problem-Umfeld-Analysen, Architekturen, Designs, systemische Landkarten und viele weitere Tools sind nun in unserem Fundus.

Als HR-Team sind wir heute mutiger, vielschichtiger und weitsichtiger in allen Rollen, in denen wir angefragt werden. Wir sind klarer und präziser hinsichtlich geplanter Interventionen geworden, geben Mehrwert durch neue Impulse und mit unserer sehr stark gewordenen lösungsorientierten Ausrichtung. Und bewirken damit über unsere Personenqualifizierung hinaus auch Effekte, die Schritt für Schritt zu einer Weiterqualifizierung der Organisation führen.

Integration des Gelernten in die eigene Arbeitspraxis – ein Beispiel

Ausgangssituation

Eine drastische Reorganisation der Produktionsbetriebe stand an. In diesem Zusammenhang wurde eine Ebene der Produktionshierarchie eliminiert, nämlich die der »Betriebsmeister«. Dies hatte einen ähnlichen Effekt, wie ihn wohl die Abschaffung des Rosenmontagszuges in Köln oder des Oktoberfestes in München haben würde. Die Betriebsmeister hatten in den letzten Jahrzehnten nicht nur die gesamte Führungsverantwortung im jeweiligen Betrieb, sondern waren mit einer eindeutigen Machtposition ausgestattet.

Rollen und Verantwortlichkeiten wurden neu definiert. Die ehemaligen Betriebsmeister gingen in die neu geschaffene Funktion des »Produktionsassistenten«, die direkt an den Betriebsleiter berichten, und gaben damit sowohl Führungsverantwortung als auch ein erhebliches Stück an Gestaltungsmacht ab. Gleichzeitig wurde die neue Position des »Schichtmeisters« eingeführt. Diese Rollen haben 55 »Teilbereichsmeister« übernommen, die bisher an die Betriebsmeister berichtet haben. Sie erhielten mit diesem Schritt die disziplinarische Führungsverantwortung für ihre Schichtmannschaft mit einer Führungsspanne zwischen sieben und 13 Mitarbeitern. Die Schichtmeister berichteten neben den Produktionsassistenten nun auch direkt an die Betriebsleitung.

Architektur und Design des Veränderungsprozesses waren gefragt. Als erstes Architekturelement riefen wir eine Steuergruppe ins Leben, die aus dem Werksleiter, Betriebsleitern und HR bestand und die der Motor für die Veränderungsbegleitung sein sollte. Wir in HR haben uns zudem in verschiedenen Einzelgesprächen mit betroffenen Akteuren ein Bild zu den strategischen, strukturellen und kulturellen Themen im Produktionskontext gemacht. Dadurch haben wir Glaubwürdigkeit und Vertrauen herstellen können, aber auch Arbeitshypothesen gewonnen, die wir der Steuergruppe in einem Workshop zurückgespiegelt haben.

Handlungsfelder

Aus unseren Diagnoseinterviews und den daraus entstandenen Hypothesen haben wir die folgenden Ziele abgeleitet:
- Kommunikation des Sinn und Zwecks sowie der Konsequenz der anstehenden Veränderungen an alle betroffen Mitarbeiter und Motivation des gesamten Produktionsteams, die neue Struktur mit zu tragen;
- Begleitung der »alten« Meister durch die Trauerphase und in eine neue Rolle hinein;
- Unterstützung der Schichtmeister bei der Übernahme der neuen Führungsrolle;
- Vermittlung von Führungswissen und -kompetenz an die Schichtmeister.

Berücksichtigt werden musste dabei auch die Tatsache, dass die Notwendigkeit der inhaltlichen und organisatorischen Neuausrichtung der Produktion nicht von allen betroffenen Schichtmeistern getragen wurde. Zudem stellte sich die Frage, wie die Veränderungsinitiativen neben dem laufenden Tagesgeschäft bewältigt werden können.

Vorgehen

Der Veränderungsprozess sollte vom Werksleiter Deutschland top-down gesteuert werden. Die entsprechenden Maßnahmen haben wir in der Steuerungsgruppe zusammen mit einem externen systemischen Berater festgelegt. Unser Leitgedanke dabei war, den Veränderungsprozess gut zu begleiten und dabei das Lernen zu lehren.

Im Hinblick auf die Unterstützung der neuen Schichtmeister erfolgten die Maßnahmen zur Erreichung der Ziele auf drei Ebenen:

1. Transition-Workshops für die Führungskräfte: Zwei Transition-Workshops bildeten den Auftakt des Veränderungsprozesses. Es ging dabei nicht um die Erarbeitung von Action-Listen, sondern vielmehr darum, Themen aufzunehmen und zu verstehen. Die Workshops wurden vom externen Berater moderiert; eingeladen waren der Werksleiter und Sponsor des Veränderungsprojekts und alle betroffenen Führungskräfte der Betriebe.

Zielsetzung war zum einen, Notwendigkeit und Ziele der Veränderung darzustellen und die entsprechenden Erwartungen an die Schichtmeister zu kommunizieren. Zum anderen sollte ein erster Schritt getan werden, die Schichtmeister mit ihren neuen Rollen vertraut zu machen. Wir haben dazu Kleingruppenarbeit und folgende Elemente gewählt:

- In der ersten Kleingruppenarbeit haben die Schichtmeister die folgenden Fragestellungen beantwortet:
  - Was brauchen wir als Führungskräfte im Betrieb, um erfolgreich und voller Motivation in den neuen Rollen arbeiten zu können?
  - Was glaube ich, werden meine Mitarbeiter an mir schätzen?
  - Was mache ich zum Ausgleich in meiner Freizeit?
- Danach formulierten die Gruppen ihre Standortbestimmung und leiteten daraus Kernthesen ab, die sie als relevant für die Werksleitung betrachteten.
- Drittes Gestaltungselement des Workshops war der »heiße Stuhl«. Auf diesen musste sich der Werksleiter setzen und sich den Fragen der Mitarbeiter stellen.
- In einer weiteren Kleingruppenarbeit unter dem Titel »Blick in die Zukunft« formulierten die Schichtmeister Anliegen und Hypothesen, die die neue Rolle betrafen.

• Abschließend wurden die Ergebnisse des Tages zusammengetragen und im Dialog mit dem Werksleiter reflektiert.

2. *Kollegiale Beratung:* Mit systemisch- und lösungsorientierten Instrument der kollegialen Beratung sollten die Schichtmeister unterstützt und befähigt werden, ihre Führungsrolle zu übernehmen, mit der sie alle Neuland betraten. Wir haben uns bewusst gegen reine Führungsseminare entschieden, weil wir die Gelegenheiten nutzen wollten, eine neue Lern- und Arbeitskultur in der Produktion zu etablieren.

Das Konzept der kollegialen Beratung geht davon aus, die unterschiedlichen Kompetenzen und Erfahrungen der Teilnehmer zur Lösung der Praxisprobleme zu nutzen. Lernprozesse und -erfahrungen der Schichtmeister in ihrer neuen Aufgabe sollten also in der gegenseitigen Beratung genutzt werden. Das Programm sollte ein Forum sein, in dem die täglichen Führungsthemen und -fragen zur Sprache gebracht und gemeinsam Lösungen entwickelt werden. Neben der Etablierung einer eigenen Lern- und Problemlösungskultur und der damit einhergehenden gesteigerten Selbstverantwortung sollte die kollegiale Beratungsgruppe auch den Aufbau von Netzwerken erleichtern.

Dazu wurden die Schichtmeister in neun Gruppen aufgeteilt, die sich jeweils über den Zeitraum eines halben Jahres monatlich für einen halben Tag treffen sollten. Da die Gruppen keinerlei Erfahrung mit dieser Art von Lernen hatten, haben Berater Starthilfe gegeben und den Gruppen geholfen, die notwendigen Kompetenzen zu erwerben.

In einem ersten Termin haben die Schichtmeister das notwendige methodische Rüstzeug der kollegialen Beratung kennengelernt und ein Verständnis für ihre Rollen, Funktionen und Aufgaben in diesem Prozess entwickelt. Darüber hinaus wurden Spielregeln für die Beratung vereinbart. Diese bezogen sich in erster Linie auf die Haltungen der Teilnehmer, wie z. B. gegenseitige Wertschätzung, Vertraulichkeit und Verbindlichkeit.

Im Folgenden ist kurz der Ablauf einer typischen kollegialen Beratung geschildert:
1. Der Fallbringer schildert die Situation.
2. Die Gruppe stellt Verständnisfragen.
3. Die Gruppe tauscht ihre Einfälle, Phantasien, Eindrücke und Überlegungen aus.

4. Der Fallbringer nimmt zu den Einfällen der Gruppe Stellung.
5. Die Gruppe sammelt Handlungsoptionen.
6. Der Fallbringer entscheidet sich für »seinen« Weg.
7. Auswertung der Beratung.

3. Transition-Workshops für die Schichtgruppen: Jeder der 55 Schichtmeister sollte mit seiner Schichtgruppe einen eintägigen Start-Workshop durchführen. Diese sollten möglichst zeitnah zum offiziellen Start der Schichtmeister in ihrer neuen Funktion erfolgen. Ziel war es, den Rollenwechsel des Schichtmeisters zu verdeutlichen und ihn in seiner neuen Rolle zu positionieren. Die Moderation wurde sowohl von HR-Managern als auch unseren externen Beratern übernommen.

Den Ablauf haben wir an die Transition-Workshops für die Schichtmeister angelehnt. Nach einem persönlichen Statement des Schichtmeisters bezüglich der neuen Organisation und der neuen Rolle gingen auch die Schichtteams in Kleingruppen und präsentierten anschließend ihre Antworten auf die Fragen:

*   Was ist uns wichtig in der Zusammenarbeit mit unserem Schichtmeister?
*   Welche Stärken bringe ich in unsere Schicht ein?

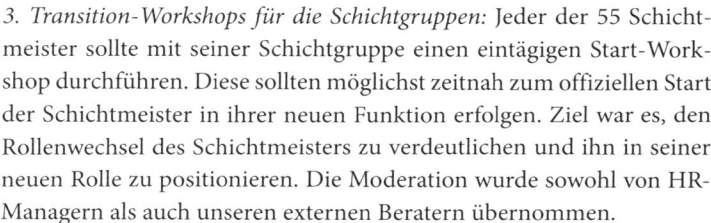

Die nächste Sequenz zielte darauf ab, die Mitarbeiter der Schichtteams mit ihren Ängsten, Sorgen, Bedenken, aber auch Hoffnungen und Erwartungen abzuholen. Dazu gaben wir folgende Fragestellung vor:

*   Was wird sich in der neuen Struktur alles verändern?
*   Wie können wir die Arbeit in unserem Team noch weiter verbessern?

Anschließend haben wir auch hier den »heißen Stuhl« aufgestellt, auf den sich der jeweilige Schichtmeister setzen und sich Fragen der Schichtarbeiter stellen musste.

Parallel dazu haben wir uns in der Steuerungsgruppe regelmäßig getroffen, um die Feedbacks aus den Workshops und dem Prozessverlauf der kollegialen Beratung zu reflektieren und auszuwerten. Dabei haben wir von den Einzelthemen abstrahiert und uns allein auf den Prozess der Veränderung fokussiert. Wir haben kritisch hinterfragt, wenn es in der Organisation und im Prozess geknirscht hat, haben neue Hy-

pothesen gebildet und gegebenenfalls die Veränderungsprozesse angepasst bzw. durch gezielte Steuerungsmaßnahmen ergänzt, z. B. durch
Coaching oder weitergehende Workshops.

So glatt, wie die Beschreibung der Veränderungsbegleitung jetzt
klingen mag, verlief der Prozess natürlich nicht. Es gab Höhen und
Tiefen. Die Resonanz auf die zwei initialen Transition-Workshops war
überwiegend positiv. Die meisten Schichtmeister fühlten sich »gut
aufgehoben«, abgeholt und gehört. Dies war umso wichtiger, weil die
Schichtmeister ja gar nicht gefragt wurden, ob sie die neue Führungsrolle übernehmen wollten, sie wurden einfach damit konfrontiert. Dass
einige das nicht wollten, Sinn und Zweck hinterfragten und sich auch
überfordert fühlten, stellte sich dann schnell im Zuge der kollegialen
Beratung heraus. Anfangs kamen weniger Schichtmeister zum Termin
als geplant; einigen ist es nicht leicht gefallen, offen über ihre Themen,
Ängste und Probleme zu sprechen. Es dauerte einige Zeit, bis der ein
oder andere in die neue Rolle hineinkam, wollten doch die »alten«
Meister teilweise ihre Verantwortung nicht abgeben oder scheute sich
der ein oder andere »Neue«, Führungsverantwortung zu übernehmen.
Manch kollegiale Beratungsgruppe stand kurz vor dem Abbruch, sei
es aus mangelndem Interesse, aufgrund auftretender Spannungen und
Konflikte oder aufgrund von Widerständen gegen die Veränderung.
Manche Beratungsgruppe ging nicht so schnell in die Eigenverantwortung oder -steuerung, wie wir das erwartet hatten. Wir haben aber
auch viele positive Rückmeldungen erhalten, weil sich die Schichtmeister durch die kollegiale Beratung gestärkt und motiviert fühlten. Sie
schätzten das selbstgesteuerte Lernen und den unmittelbaren Praxis-
bezug.

Auch die Transition-Workshops in den Schichtgruppen verliefen
sowohl inhaltlich als auch qualitativ sehr unterschiedlich, was oftmals
mit der Haltung der neuen Führungskraft, aber auch der Machtposition des »alten« Meisters korrelierte. Die Negativbeispiele waren immer
mit Rückschlägen und Zweifeln verknüpft. Die guten Workshops und
positiven Rückmeldungen der Mitarbeiter hingegen gingen immer
Hand in Hand mit der Zuversicht, dass sich der Aufwand lohnt und
dieser Prozess der Richtige ist.

Wichtig war, dass es im Prozess einige wichtige Schlüsselpersonen
aus der Produktion gab, die den Veränderungsprozess und die damit

verbundenen neuen Programme unterstützt haben. Sie haben kritisch reflektiert und gleichermaßen der Steuerungsgruppe wichtige Rückmeldungen sowie den Schichtmeistergruppen immer wieder positive Impulse gegeben.

Die Autorin

Jutta Wenzl (Jg. 1966) ist Global HR-Business-Partner bei der Cognis GmbH, Düsseldorf. Ihre Tätigkeitsschwerpunkte in einem international agierenden Umfeld sind dabei die Begleitung von Veränderungs- und Lernprozessen in der Organisation, die Beratung von Führungskräften sowie die Konzeption und Umsetzung von business-spezifischen Talent-Management-Aktivitäten.

Basis dafür ist für sie neben dem Studium der Betriebswirtschaft und ihrer langjährigen Berufserfahrung in verschiedenen operativen und strategischen HR-Rollen auch die Ausbildung zur Systemischen Beraterin am ISBW sowie eine Coaching-Ausbildung an der Ashridge Business School, UK.

E-Mail-Kontakt: jutta.wenzl@web.de

Susanne Korsmeier

Kollegiale Fallberatung

Die Methode der kollegialen Fallberatung ist eine Möglichkeit, Wei-
terbildungsangebote *interaktiv und erfahrungsorientiert* zu gestalten.
Kollegiale Fallberatung kann sowohl Bestandteil organisationsinterner
wie externer Veranstaltungen sein und in einzelnen Seminaren oder
in modulartig aufgebauten Weiterbildungen stattfinden. Die Methode
kann genutzt werden für die Er- und Bearbeitung unterschiedlichster
Themen wie z. B. Kommunikations- und Konfliktmanagement, Pro-
jekt- oder Zeitmanagement oder innerhalb einer Führungskräfteentwicklung sowie anderer persönlichkeitsentwickelnder Maßnahmen.

Mit meinem Beitrag möchte ich Lesern und potentiellen Anwen-
dern Mut machen, die Methode in den eigenen Workshops und Seminaren vermehrt einzuplanen. Oder falls das für Sie als Leser bereits
selbstverständlich ist, dann stelle ich Ihnen meine Erfahrungen zur
Verfügung, damit Sie sie mit Ihren abgleichen können. Leider können
wir an dieser Stelle dann nicht in eine Diskussion einsteigen, falls Sie
unterschiedliche oder sogar gegensätzliche Erfahrungen haben. Aber
vielleicht starten Sie eine Diskussion in Ihrem Arbeitsumfeld?

Was ist »Kollegiale Fallberatung« – kurz zusammengefasst?

Die kollegiale Fallberatung verläuft als systematisches Gespräch nach
einer vorgegebenen Struktur und *dient der gemeinsamen Entwicklung
von Lösungsansätzen und -ideen.* Idealerweise können die Kollegen
sich wechselseitig zu beruflichen Fragen und Schlüsselthemen beraten – ggf. geschieht das nicht zu einem, sondern zu unterschiedlichen
Terminen.

Wie sieht die Gesprächsstruktur aus?

Eine kollegiale Beratung kann als Dialog unter vier Augen (ggf. mit einem Beobachter) oder in einer Gruppe durchgeführt werden. Das Gespräch verläuft idealerweise in *acht Phasen* und dauert zwischen *60 bis 90 Minuten* (wobei sich die Beachtung der Zeiten durch einen explizit ernannten Verantwortlichen empfiehlt):

1. Situationsschilderung (5–10 Min.)
   Eine schwierige, evtl. herausfordernde Situation (»der Fall«) wird – möglichst kurz und knapp – vom Ratsuchenden dargestellt. Nachfragen (max. 10 Min.). Die Kollegen haben die Chance, durch Rückfragen Unklarheiten zu beseitigen.

2. Auftragsklärung (2 Min.)
   So spezifisch wie möglich formuliert der Ratsuchende die Schlüsselfrage seines Falls. Das ist »die« (das heißt eine!) Frage, auf die er mit Hilfe seiner Kollegen eine Antwort finden will.

3. Situationsanalyse (15–25 Min.)
   Die Kollegen beginnen (miteinander) »laut zu denken« und sich auszutauschen über ihre inneren Bilder und Ideen, die sie zu der geschilderten Situation haben. Das kann geschehen, indem jeder sich in einen der vom Ratsuchenden beschriebenen Beteiligten versetzt und dessen vermutete Sicht der Dinge beschreibt: »Ich als … denke/fühle/würde/ …«
   Es ist im Unterschied dazu aber auch möglich, dass alle in einem Brainstorming Hypothesen zu der geschilderten Situation sammeln: »Ich glaube, hier haben wir es mit einem klassischen Fall von … zu tun«, »meiner Einschätzung nach geht es gar nicht um … sondern um …« usw.
   In beiden Fällen empfiehlt es sich, die Diskussionsbeiträge stichpunktartig auf einem Flipchart oder einer Pinnwand festzuhalten. Wichtig ist außerdem in diesem Schritt, dass der Ratsuchende nicht an der Diskussion beteiligt ist. Er hört nur zu.

4. Orientierungshinweis für die Lösungssuche (5 Min.)
   Nachdem das Brainstorming beendet ist, hat der Ratsuchende nun die Möglichkeit, zu den unterschiedlichen Äußerungen Stellung zu nehmen. Er erläutert kurz, welche Diskussionsbeiträge ihn am

meisten angesprochen haben und in welche Richtung er weiter-
denken möchte. Den Kollegen wird so die Sicht des Ratsuchenden
deutlicher und die Phase der Lösungssuche kann bedarfsorientiert
verlaufen.

5. Lösungssuche (10–20 Min.)
   In dieser Phase formulieren die Kollegen konkrete Lösungsvorschläge (und visualisieren sie) – der Ratsuchende darf wieder nur
   zuhören.

6. Ausblick auf die Lösungsfindung (max. 5 Min.)
   Nachdem der Ideenfluss der Kollegen versiegt ist, erklärt der Ratsuchende, was er von den Lösungsvorschlägen annehmen kann
   und will und welche Erkenntnisse er gewonnen hat, während er
   zuhörte.

7. Abschluss (mit der Gewissheit, nicht allein zu sein) (max. 8 Min.)
   Den Schluss des Gesprächs oder der Gruppendiskussion bildet
   ein Blitzlicht. Alle Kollegen des Ratsuchenden erzählen ihre Erfahrungen (und die damit verbundenen Gefühle) in einer ähnliche
   Situation, ggf. mit ihren damaligen Lösungsstrategien.

In welchem Rahmen ist kollegiale Fallberatung einsetzbar?

Drei unterschiedliche Erfahrungen sind im Folgenden exemplarisch
angeführt. Im ersten Beispiel ist die Methode im Rahmen eines Weiter-
bildungswochenendes von (internen und externen) Beratern beschrieben. Als Bestandteil einer Führungskräfteentwicklung wird kollegiale
Beratung im zweiten Beispiel von einer Bildungsorganisation und im
dritten Beispiel von einem Industrieunternehmen genutzt.

Kollegiale Beratung unter Beratern

Berater, die gemeinsam an einer systemischen Weiterbildung teilgenommen haben, treffen sich im Anschluss daran jährlich wieder. Ihr
Ziel ist, den Einsatz unterschiedlichster Methoden zu reflektieren und
sie am eigenen Leib als Beteiligte zu erfahren. Eine solche Reflexion der

beruflichen Praxis ist in beratenden Berufen seit vielen Jahren selbstverständlich (vgl. v. Schlippe und Schweitzer, 2002, S. 222 f.) und wird häufig mit den synonym verwendeten Begriffen der »Peer-Group-Supervision« oder »Intervision« benannt, wenn in der selbstorgansierten Gruppe alle gleichberechtigte Berater sind (vgl. Veith, 2002, S.42 f.). Strukturierte, kollegiale Fallberatung ist fast immer ein Bestandteil der Treffen und oft geht es um aktuelle Projekte der Anwesenden.

Diesmal hat eine organisationsintern agierende Beraterin ein Problem damit, von ihrer Führungskraft und dem dahinter stehenden Führungskreis auf ein für sie fachlich neues Projekt gesetzt worden zu sein. Sie soll einen ausscheidenden Kollegen kurz vor Projektabschluss ersetzen. Sie selbst wäre lieber weiterhin in »ihren« Projekten aktiv gewesen. Diese sind jedoch sind vom Führungskreis wegpriorisiert (und so gut wie möglich für beendet erklärt) worden (1: Die *Situation ist grob beschrieben*).

Ihre Berater-Kollegen hinterfragen die Projektorganisation. Die Zusammenarbeit mit dem Projektleiter und seine Anforderungen an die Ratsuchende erscheinen diffus. Aber auch die Anforderungen des Führungskreises werden detaillierter erfragt – ebenso wie im Abgleich dazu die Kompetenzen der Ratsuchenden in ihrer Selbsteinschätzung (2: Die Kollegen haben ihre *Nachfragen beantwortet* bekommen).

Für die Ratsuchende ist die Schlüsselfrage ihres Falls die Frage nach dem bestmöglichen Umgang mit ihrem Widerstand. Sie will den an sie gestellten Anforderungen gerecht werden und sucht Lösungsideen für ihre Unlust an dem Projekt zu arbeiten. Alle Beteiligten nicken und die Ratsuchende kann ihren Stuhl umdrehen, sich bequem zurücklehnen und ihre Ohren spitzen (3: Der *Beratungsauftrag* ist geklärt).

Die Kollegen beginnen Hypothesen zu formulieren und halten sie auf einer Pinnwand fest. Dort ist u. a. zu lesen: »Die Unlust ist nur ein Schutz vor Überforderung.« »Sie zeigt so eine große Distanz zum Projekt – kein Wunder, dass der Projektleiter oder der Führungskreis sie nicht engagiert wahrnehmen. Dabei will sie ihren eigenen Ansprüchen gerecht werden und agiert so verhalten, weil sie sich fachlich nicht sicher fühlt.« »Ich glaube, dass es darum geht, dass sie ihrer Chefin sagt, dass sie nicht die richtige Frau für dieses Projekt ist und eine andere Lösung gefunden wird. Noch ist es früh genug.«

Als alle Hypothesen gesammelt sind (4: Die *Situation ist analysiert*), erklärt die Ratsuchende, dass sie gern mehr Ideen dazu hätte, wie sie aus dem Projekt aussteigen könnte, ohne einen Scherbenhaufen zu hinterlassen (5: Die *Lösungssuche ist vorbereitet*).

Die Beraterkollegen formulieren konkrete nächste Schritte, die sie an Stelle der Ratsuchenden tun oder ihr empfehlen würden. Diese reichen von vorbereitenden Schritten (Abstimmung im eigenen Netzwerk, Suchen eines geeigneten Ersatzes usw.) bis zu Vorschlägen zur Gestaltung der Führungskreissitzung, in der die Ratsuchende das Projekt wieder abgibt. Auch die Entwicklung eines Worst-Case-Szenarios ist dabei: »Sie hat doch vorhin erzählt, ihr alter Kunde würde ihr sofort einen Job geben. Dann wechselt sie halt notfalls die Abteilung und ihr Aufgabengebiet« (6: Viele *potentielle Lösungen sind entwickelt*).

Nachdem sie alle Ideen der Kollegen gehört hat, denkt die Ratsuchende laut weiter: Alle angedachten Schritte erscheinen ihr plausibel und auch das Worst-Case-Szenario wird sie aktiv werden lassen: Sie wird auf jeden Fall ihren alten Kontakt detaillierter nach einem potentiellen Aufgabengebiet für sie fragen (7: Die *Ratsuchende kann aktiv werden*).

Alle Beraterkollegen berichten kurz Situationen, in denen sie zu spät »nein« gesagt haben (und wie sie da wieder rausgekommen sind – sofern ihnen das gut gelungen war) (8: *Abschluss* und nicht allein sein).

Besonders auf diesen letzten Schritt sei in seiner Bedeutung hingewiesen: Es war eine große Erleichterung in den Augen der Ratsuchenden zu sehen, nachdem alle Beteiligten ein Beispiel aus ihrer eigenen Erfahrungswelt genannt hatten, in denen es ihnen schon mal ähnlich ergangen war. Das Gefühl, nicht die Einzige zu sein, die mit einer spezifischen Herausforderung kämpfen muss und erst mal »dumm da steht«, lässt wieder Handlungsenergie freiwerden: Schließlich haben die anderen es auch geschafft – also los!

Kollegiale Beratung in der Führungskräfteentwicklung

14 Führungskräfte aus unterschiedlichen Häusern einer deutschlandweit agierenden *Bildungsorganisation* kommen im Rahmen von vier Weiterbildungsmodulen (über ein Jahr verteilt) jeweils für zwei Tage zusammen. In den Modulen stehen das System (in dem man arbeitet),

die eigene Person sowie die Mitarbeitenden im Fokus und der vierte
Baustein diente der Zusammenfassung und Reflexion. Es gibt zwei
Moderatoren und die Gruppe teilt sich für die kollegiale Fallberatung
oft in zwei Kleingruppen auf (manchmal aber auch in drei oder vier –
je nachdem wie viele Fälle die Teilnehmer mitbringen).

In einer Sequenz des dritten Bausteins schildert die Leiterin eines
kleineren Hauses, wie enttäuscht sie von einer Mitarbeiterin ist, die sie
bisher immer als sehr loyal wahrgenommen hat. Eigentlich wollte sie
diese aufgrund ihres Potentials und der gezeigten Leistungen bald für
eine Stelle als Gruppenleiterin ins Gespräch bringen. Kurz vor diesem
Weiterbildungsmodul hat sie allerdings feststellen müssen, dass die
junge Frau einer ungenehmigten Nebenbeschäftigung nachgeht: Sie
hilft in einem Restaurant aus. Das heißt, sie arbeitet bis in die Nacht
und für die Vorgesetzte ist es unvorstellbar, dass die Mitarbeiterin auf
Dauer in ihrem Job tagsüber konzentrationsfähig bleiben wird. Sie
fühlt sich aber vor allem auch persönlich hintergangen, denn sie ist der
Meinung, die Mitarbeiterin außergewöhnlich gefördert zu haben, und
dachte eigentlich, ein Vertrauensverhältnis zu ihr zu haben (1).

Die beratenden Kollegen fragen einiges nach und erfahren so z. B.,
dass es sich bei dem Restaurant um einen Familienbetrieb handelt (2).
Sie analysieren die Situation aus ihrer Sicht, nachdem die Ratsuchende
verdeutlicht hat, dass sie bisher noch kein klärendes Gespräch mit der
Mitarbeiterin geführt hat und das in der nächsten Woche – nach der
Weiterbildung – ansteht (3).

Eine beratende Kollegin identifiziert sich stark mit der geschilderten
jungen Frau. Sie macht zum einen einige Aussagen dazu, wie schwierig
es ist, als kleines Familienunternehmen zu überleben, und wie wichtig
es ist, dass jedes Familienmitglied »mal mit anfasst, wenn – aus welchen
Gründen auch immer – Not am Mann ist«. Zum anderen verdeutlicht
sie anschaulich, wie schwierig es für sie ist, mit dem Gehalt, das sie
bisher erhält, zu leben. Sie glaubt allerdings auch, dass es aufgrund der
aktuellen wirtschaftlichen Lage des Hauses so gut wie unmöglich ist,
mehr zu fordern (4).

Der Ratsuchenden entfährt ein »Ach so ist das …« und sie kann
nicht mehr still mit dem Rücken zur Gruppe sitzen bleiben: Es hat
»Klick« in ihrem Kopf gemacht und sie kann die Situation unabhängig
von ihrer Person nachvollziehen. Das heißt, sie fühlt sich nicht mehr

betrogen und kann dem Mitarbeitergespräch offener entgegensehen. Bis gerade war sie davon ausgegangen, dass das Gespräch mindestens eine Abmahnung, wenn nicht sogar eine Kündigung beinhalten wird (5). Daraufhin entwickeln die Beraterkollegen eine Vielzahl an Ideen, was und wie zwischen Vorgesetzter und Mitarbeiterin besprochen werden könnte. Sie empfehlen insbesondere mehr Transparenz über die beruflichen Entwicklungsmöglichkeiten herzustellen (6). Diesen Gedanken nimmt die Ratsuchende gern auf (7) und das Beratungsgespräch endet mit einem Blitzlicht: Jeder schildert kurz eine Situation, in der er etwas persönlich genommen hat, obwohl sein Interaktionspartner das gar nicht so meinte – wie sich später herausstellen konnte.

König und Volmer beschreiben das als den Mehrwert eines »Reflecting Team« (1996, S. 101; vgl. ebenso Schlippe und Schweitzer, 2002, S. 199): Der Ratsuchende lernt ganz neue Perspektiven auf eine für ihn festgefahrene Situation kennen. Das bestätigt auch die nächste zu schildernde Erfahrung.

Ein Industrieunternehmen leistet sich eine Führungskräfteentwicklung in drei Bausteinen, von denen der zweite Baustein als Methodenbaustein deklariert ist. 150 Führungskräfte des mittleren Managements, die entweder disziplinarische Verantwortung haben oder in Projektleitungsfunktionen tätig sind, nehmen teil. Die Teilnehmer werden so aufgeteilt, dass in den Workshops zwei Hierarchiestufen vertreten sind und jeweils zwei Abteilungen zusammen lernen. Die Teilnehmeranzahl variiert zwischen 15 und 30 Teilnehmern, die von zwei bis drei Moderatoren begleitet werden.

Fragen, zu denen die Teilnehmer sich gegenseitig beraten, sind z. B.:

- Einer meiner Mitarbeiter lässt in letzter Zeit deutlich in seiner Leistung nach. Wie kann ich mit ihm darüber ins Gespräch kommen?
- Ich stehe als Projektleiter am Anfang eines neuen Projekts. Wie kann ich den Auftakt so gestalten, dass sich alle wirklich engagieren?
- Ich habe einen neuen Mitarbeiter bekommen. Er tut sich schwer, sich ins Team zu integrieren, und steht abseits. Was kann ich tun, damit er vom Team akzeptiert wird und/oder es ihm leichter fällt, auf das Team zuzugehen?

- Wie kann ich zu einer guten Work-Life-Balance finden – trotz der stetig steigenden Anforderungen in meinem Arbeitsumfeld?
- Aufgrund der Projekthistorie gibt es neben mir einen weiteren Kollegen, dessen Aufgabenbeschreibung eine Leitungsfunktion enthält. Wie können wir beide gut zusammenarbeiten, uns aber auch abgrenzen und in der Außenwirkung transparent sein?
- Wir haben unsere Abteilungsstruktur verändert: Wie kommunizieren wir die Veränderung und die damit verbundenen Ziele an alle Mitarbeiter?

Es gibt eine Evaluation der Führungskräfteentwicklung, die mittels kurzer Gruppendiskussionen und einzelner Interviews durchgeführt wird. Immer wieder tauchen dabei die Aussagen der Teilnehmer auf, wie hilfreich sie es fanden, vom Erfahrungsschatz ihrer Kollegen profitieren zu können, und wie gut es ihnen getan habe, zu wissen, dass die Kollegen mit ähnlichen Herausforderungen kämpfen wie sie selbst.

Zusammengefasst: Welche Vorteile hat das Verfahren? Gibt es Stolpersteine?

In einer konkreten Workshopsituation ist die Aufforderung, sich in Kleingruppen zusammenzufinden, aktivierend. Statt dem Vortrag eines Einzelnen zuhören zu müssen, erfährt jeder allein durch den notwendigen Stuhlwechsel eine Energiespende; umso mehr, wenn die Bearbeitung einer eigenen konkreten (ggf. schon lange) schwierigen Situation ansteht. Kollegiale Fallberatung ist eine optimale Verzahnung von Lernen und Arbeiten (vgl. auch Veith, 2002, S. 56 f.). Betritt man als Außenstehender einen Raum, in dem so gearbeitet wird, fühlt man sich wie in einem Bienenkorb.

Der Transfer der Methode in den Arbeitsalltag ist unproblematisch – die Methode wird nur leider viel zu selten genutzt meiner Beobachtung nach. Sowohl im Rahmen einberufener Sitzungen als auch informell, z. B. in der Mittagspause, können ehemalige Weiterbildungsteilnehmer sich (zumindest grob) erinnern und ihr Gespräch strukturieren. Manchmal bilden sich schon während eines Workshops feste Gruppen oder Paare, die sich vornehmen, sich im Arbeitsalltag weiterhin gegenseitig zu beraten. In einzelnen der oben beschriebenen Workshops ging zum Ende die Zeit aus, um alle Fälle noch im Rahmen der zwei Tage zu besprechen. Es wurde einfach auf einer Pinnwand kurz festgehalten, wer mit wem demnächst einen formellen (Sitzung) oder informellen (Mittagessen) Termin macht.

Die Einführung kollegialer Fallberatung in einem Unternehmen ist eine Möglichkeit, die vielfältigen internen Potentiale und das vorhandene Expertenwissen zu nutzen. Dadurch können externe Beraterkosten entfallen.

Außerdem glaube ich, dass durch die Forcierung kollegialer Beratung die informelle Kommunikation sich stetig verbessert und damit auch die formelle Kommunikation optimiert wird. Je mehr kollegiale Fallberatung genutzt wird, umso mehr steigen gegenseitiges Vertrauen und gegenseitige Wertschätzung. Es besteht die Chance, Gemeinsamkeiten und Unterschiede zu entdecken und gezielt zu nutzen.

Es soll allerdings nicht verschwiegen werden, dass kollegiale Fallberatung auch herausfordernd im Einsatz ist. Gerade bezüglich des letztgenannten Aspekt des Vertrauens ist nicht zu unterschätzen, dass von den Beteiligten Ängste zu überwinden sind. In dem Moment, in dem man sein Problem als Ratsuchender schildert, gibt man sich als hilflos zu erkennen. Will man das Risiko eingehen, dass die Anderen sich eventuell überlegen fühlen? Und wie viel erzählt man wirklich von sich? Man sich trifft sich ja wahrscheinlich wieder in der Organisation oder in dem Unternehmen. Will man dann, dass der Andere sich daran erinnert, in welcher Lage man sich befand und dass man ein Problem nicht ohne fremde Hilfe gelöst bekam?

Auch die Anforderung, aktiv zu werden und seine Selbstverantwortung wahrzunehmen, ist nicht in allen Situationen und von allen Teilnehmern nur mit positiven Assoziationen besetzt. Es ist manchmal viel bequemer, im Stuhl zu sitzen, einem Vortrag zuzuhören oder zuzusehen, wie ein anderer die Arbeit verantwortungsvoll macht. Und die Berater/Moderatoren müssen »loslassen können« und darauf vertrauen, dass auch ohne eine Intervention von ihnen der Prozess für alle Teilnehmer nutzbringend ist.

Das sind einige potentielle Hürden – die im Vergleich zu den geschilderten Vorteilen aber meiner Einschätzung nach, niemanden davon abhalten sollten, kollegiale Fallberatung einzusetzen: Just do it!

Literatur

König, E.; Volmer, G. (1996). Systemische Organisationsberatung (4. Auflage). Weinheim: Dt. Studienverlag.

Schlippe, A. v.; Schweitzer, J. (2002): Lehrbuch der systemischen Therapie und Beratung (8. Auflage). Göttingen: Vandenhoeck & Ruprecht.

Veith, T. (2002). Kollegiale Beratung und Lernkulturentwicklung. Magisterarbeit, Heidelberg.

Die Autorin

Dr. Susanne Korsmeier (Jg. 1967) war nach ihrer Promotion an der RWTH Aachen im Entwicklungsbereich eines Automotiv-Konzerns als interne Beraterin in Veränderungsprozessen tätig. Seit 2007 ist sie als Unternehmensberaterin selbständig tätig, coacht Führungskräfte und unterstützt Teams in ihrer (Weiter-)Entwicklung.

E-Mail-Kontakt: susanne@korsmeier.info

Beratung und Coaching

Eine Auswahl aus unserem Programm

Ariane Bentner
Systemisch-lösungsorientierte Organisationsberatung in der Praxis
Mit einem Vorwort von Jochen Schweitzer
2007. 234 Seiten mit 5 Abb. und 1 Tab.,
kartoniert. ISBN 978-3-525-49120-1

Ariane Bentner / Marie Krenzin
Erfolgsfaktor Intuition
Systemisches Coaching von
Führungskräften
Mit einem Beitrag von Molly von Oertzen
2008. 217 Seiten mit 30 Abb. und 1 Tab.,
kartoniert
ISBN 978-3-525-40323-5

Jan Bleckwedel
Systemische Therapie in Aktion
Kreative Methoden in der Arbeit mit
Familien und Paaren
2. Auflage 2009. 314 Seiten mit 25 Abb.
und 26 Tab., kartoniert
ISBN 978-3-525-49137-9

Franz Breuer
Vorgänger und Nachfolger
Weitergabe in institutionellen und
persönlichen Bezügen
2009. 386 Seiten mit 18 Abb. und
2 Tab., kartoniert
ISBN 978-3-525-40324-2

Helga Brüggemann /
Kristina Ehret-Ivankovic /
Christopher Klütmann
Systemische Beratung in fünf Gängen
Buch und Karten
2. Auflage 2007. 150 Seiten mit 25
Karten und 16 Abb., kartoniert
ISBN 978-3-525-49098-3

Ferdinand Buer /
Christoph Schmidt-Lellek
Life-Coaching
Über Sinn, Glück und Verantwortung
in der Arbeit
2008. 387 Seiten, gebunden
ISBN 978-3-525-40300-6

Herbert Eberhart / Paolo J. Knill
Lösungskunst
Lehrbuch der kunst- und
ressourcenorientierten Arbeit
Mit einem Vorwort von Jürgen Kriz.
2009. 267 Seiten mit 1 Abb. und 2 Tab.,
kartoniert
ISBN 978-3-525-40159-0

Christoph Eichhorn
Souverän durch Self-Coaching
Ein Wegweiser nicht nur für
Führungskräfte
4. Auflage 2009. 191 Seiten mit 6 Abb.,
kartoniert
ISBN 978-3-525-49004-4

Vandenhoeck & Ruprecht

Rolf Haubl / Brigitte Hausinger (Hg.)
Supervisionsforschung: Einblicke und Ausblicke
Interdisziplinäre Beratungsforschung

2009. 251 Seiten, kartoniert
ISBN 978-3-525-40325-9

Johannes Herwig-Lempp
Ressourcenorientierte Teamarbeit
Systemische Praxis der kollegialen
Beratung. Ein Lern- und Übungsbuch

2., durchgesehene Auflage 2009.
253 Seiten mit 10 Abb., kartoniert
ISBN 978-3-525-46197-6

Willy Christian Kriz /
Brigitta Nöbauer
Teamkompetenz
Konzepte, Trainingsmethoden,
Praxis. Mit einer Materialsammlung
zu Teamübungen, Planspielen und
Reflexionstechniken

Mit Illustrationen von Ulrike Rohrhofer.
4., überarb. und erw. Auflage 2008. 287
Seiten mit 18 Abb. und 4 Tab., kartoniert. ISBN 978-3-525-46162-4

Walter Milowiz
Teufelskreis und Lebensweg
Systemisch denken im sozialen Feld

Mit einem Vorwort von Johannes
Herwig-Lempp.
2., überarb. Auflage 2009. Ca. 224
Seiten mit 38 Abb., kartoniert
ISBN 978-3-525-40158-3

Kurt F. Richter
Coaching als kreativer Prozess
Werkbuch für Coaching und Supervision
mit Gestalt und System
2009. ca. 416 Seiten mit zahlr. Abb. und
Tab., kartoniert
ISBN 978-3-525-40156-9

Arist von Schlippe /
Almute Nischak /
Mohammed El Hachimi (Hg.)
Familienunternehmen verstehen
Gründer, Gesellschafter und
Generationen

2008. 296 Seiten mit 19 Abb. und 5 Tab.,
gebunden
ISBN 978-3-525-49135-5

Rainer Schwing /
Andreas Fryszer
Systemisches Handwerk
Werkzeug für die Praxis

3. Auflage 2009. 352 Seiten, kartoniert
ISBN 978-3-525-45372-8

Rudolf Stroß
Die Kunst der Selbstveränderung
Kleine Schritte – große Wirkung

2. Auflage 2009.. 299 Seiten mit 21
Abb., kartoniert
ISBN 978-3-525-40410-2

Vandenhoeck & Ruprecht